寻找美食家（续集）

蒋洪 著

上海書店出版社
SHANGHAI BOOKSTORE PUBLISHING HOUSE

序一　蒋洪：每时每刻想着与美食约会

沈嘉禄

套用一句用烂了的话：每次见到蒋洪，不是在餐桌上，就是在奔向饭店的路上。

一个苏州人，孜孜以求地寻找美食，似乎是再正常不过的事。但是落实在蒋洪身上，不正常的是，他还为寻找美食编了一个貌似很正常的理由——“美食推进”。12年前，他以苏州吴江区为圆心创建了一个“吴越美食推进会”，这大概是全中国第一个以美食为名义的“推进会”。以前餐饮界成立一个机构，一般都是餐饮协会或者烹饪协会，中国大概是全世界行业协会最多的国家吧，但开宗明义强调“推进”的倒真没有。“推进”两字，昭示了一种决心、一份责任，也对应了干脆而急切的动作。火箭要升空，必须借助推进器。蒋洪身坯不算敦实，但肚子里装填了“固体燃料”，随时升空，推力强劲。

蒋洪搞这个美食推进会，是对餐饮协会的功能补充和学术提升，用意并非为了单纯的品牌经营和输出，而是对以美食为载体的地域文化进行梳理与发扬。

吴江地处吴根越角，假设吴越两地文化的颜色分别为红与蓝，那么吴江因为两种颜色的重叠而呈现分外妖娆的紫色。吴江以前是县级市，现在成为苏州的一个区。作为张季鹰“后裔”的吴江人向来宠辱不惊，隔着太湖东南一角与寒山寺遥遥相望，与往常一样喝茶饮酒看云赏花，顺便，闷声不响地将太湖新城建设得很有穿越感。

吴江历史文化源远流长，数千年来孕育形成了蚕桑丝绸文化、水乡古镇文化、千年运河文化、莼鲈诗词文化、国学文化和江村富民文化等一批特色鲜明的文化资源，拥有140多位著名历史人物，比如春秋时期的政治家范蠡，西汉词赋家严忌、严助父子，西晋的文学家张翰，唐代的文学家陆龟蒙，清朝末年则有陈去病，柳亚子等革命家和文学家。中国社会新旧更替之际，著名社会学家费孝通在庙港开弦弓村写下了堪为学术经典的《江村调查》。我甚至认为张翰的“莼鲈之思”至今还在塑造一代代吴江人的性格。

吴江的文化标志应该不少，最亮丽的是垂虹桥。我多次在刘国斌兄的陪同下凭吊历史遗迹，在斑驳的石板上走几步，波澜不兴的河面似乎仍在讲叙过往。比如白石道人姜夔的那首《过垂虹》：“自琢新词韵最娇，小红低唱我吹箫。曲终过尽松陵路，回首烟波第四桥。”姜白石是湖北鄱阳人，无意仕途，一生漂泊不羁，诗词文章名重一时，靠着朋友的周济在湖杭一带游冶，后来从年长于他的范成大那里得到了小红。小红是范成大身边的侍妾乐伎，聪明伶俐，姜白石自是十分欢喜，他们两人告别范成大去湖州就应该在垂虹桥边解缆启程的。

读者朋友看到这里可能会奇怪：为蒋洪的新著写个序，何以牵出张翰和姜夔这两个不相干的古人？其实我要说的就是，张翰与姜夔，以及更多的与吴江有过缘分、与这两位前辈志同道合的文人墨客，都随风潜入夜，润物细无声地影响着吴江人的价值观与行为方式，为了守护内心的宁静与美好，不惜弃官，可以流浪。

不过从另一方面说，苏州人对故乡又是十分的热爱与眷恋。苏州是天下第一风流之地，苏州的一切都是那么的圆润美好，堪为中国人生活艺术的典范。苏州人对生活的态度可用“顶真”两字来形容，昆曲、评弹、园林、刺绣、盆景、书画、工艺诸事，就是靠一股顶真的劲头鼓捣出来的，苏作家具至今还是中国古典家具的登峰造极之作，翘头案腿脚上的一根出筋线条，要用节节草打磨三个工。还有苏州菜和太湖船点，倘若师傅没有那股顶真的精神，不免荒腔走板。

苏州人在美食这档事上也相当讲究，严守不时不食的祖训。同样的食材，不同季节还要搭节目。比如吃一块肉，一年四季要按照樱桃肉、荷叶粉蒸肉、菜干扣肉、酱方这样的顺序吃过来，方寸不能乱；再比如吃一条桂鱼，花头劲也蛮透的：春天松鼠桂鱼，夏天瓜姜桂鱼，秋天千层桂鱼，冬天干烧桂鱼。苏州的面是上海人的心头好，但许多上海吃货不知道苏州人吃面也是讲时序的，焖肉面、三虾面、枫镇大面、冻鸡面什么时候应市，老面馆里的师傅说了算。就连什么时候吃烧卖，什么时候吃汤包也不能随心所欲，有钱任性，否则就要被老苏州笑话了。

吴江在苏州的美食版图中，是极有分量的一块。吴江人对美食的热情绝对不输苏州人，吴江因为有过一段"放单飞"的历史，又与苏州核心城区隔着一段距离，有许多富有特色的区域性美食就保存下来了，而在"一体化"的形势下，如何保留、弘扬这些美食，就成了一项文化课题。蒋洪就是基于这样的文化自觉来明确吴越美食推进会的立场与使命。

为了更好地推动工作，加强修为，广结人缘，蒋洪拜苏州美食界泰斗华永根先生为师。华永根先生如此评价蒋洪："长期以来他一直关注苏帮菜的传承与创新，挖掘整理出一大批吴江传统美食美点，是一位不可多得的美食文化创意者。"

后来，像接力赛跑，蒋洪也收了几位徒弟。这几位徒弟都是餐饮界的风云人物，有身怀绝技的名厨，也有统驭全局的国企老总，这些年我在苏沪之间走动较多，与他们也成了朋友。蒋洪的徒弟为人低调，憨厚朴实，在他们身上可以看到师父的影响。

蒋洪借了师父和徒弟的合力，利用太湖流域的丰富食材和独有资源，去芜存精，推陈出新，与他的徒弟、吴江宾馆总经理钱立新一起设计了吴江四季宴、江南运河宴等，江南运河宴还被评为中国名宴。他还促成国家级烹饪大师徐鹤峰驻点吴江宾馆传经送宝，带领厨师团队推出了全蟹宴、全蚬宴、全鱼宴、全塘宴、寒食宴、端午宴、重阳宴、冬至宴、垂虹素宴等。

吴越美食界有一句话：打开苏州美食的正确方式，就是先与蒋洪交朋友。我就是与蒋洪交上朋友后，如愿以偿地尝到了上至星级宾馆，下至街头巷尾的苏州美食。

有一年春暖花开，我们上海一班吃货朋友又去东太湖沿岸尝鲜，某酒家摆了两桌素直小宴，由蒋洪的徒弟执爨掌勺，江湖河海时令小鲜和红黄绿紫农家园蔬一道道上来，莫不叫人筷头如雨，大快朵颐。不料蒋洪对其中一道菜皱起了眉头，现场点评，一针见血。接下来又上了一道菜，蒋洪执箸一尝，猛地一拍桌子，吓得我们大气都不敢出。良辰美景，珍馐佳肴，大家吃吃喝喝图个热闹，你蒋会长干嘛这么顶真呢？不一会他的徒弟惴惴不安地出来，蒋会长对他如此这般一番点拨，徒弟频频点头，执礼甚恭。同桌的华永根先生双目微闭，稳如泰山。

这一幕让我进一步认识了蒋洪，他可是一个做事顶真的人，不是吃了人家嘴软的人。寻找美食的出发点和立脚点在他看来就是挖掘并传承附载于美食之中的历史文化价值，把菜做好，把帮派坐正，唯有如此，幸福才会来敲门。

2018年夏天，在一年一会的上海书展上，蒋洪拿出了美食随笔集《寻找美食家》（上海书店出版社），签售场面果然十分热闹，有吃货朋友从老远的地方赶来求见偶像。我也花了好几天时间通读了一遍，如嚼油氽花生米，越嚼越香。

这本书的第一辑主要写节气与吴越美食的关系，第二辑通过美食来表达浓浓的乡愁，第三辑着力挖掘吴越美食的文化内涵，为那些濒临消失的美食留下了味觉珍档，第四辑表达他对美食的深刻理解，对姑苏文化的热爱，强调了应该传承的食俗与食规，有些观点颇让人脑洞大开。

书中最令人垂涎的部分就是对姑苏美食的激情描绘，比如：清风三虾，滑炒的虾脑、虾籽和虾仁盛放在一张碧绿的荷叶上，绿、黄、白、红，煞是好看。汤煨冬笋，将冬笋去壳去尖掏空笋节，笋尖及肥瘦肉各半剁末调味填入笋内，以虾茸封口，与猪爪一起氽水后放入砂锅，入清汤，微火煨焖，连锅上桌。炖黄鳝的黄鳝要活杀取生料烹治，装盘后在盘中央扣一小碗，将黄鳝盘在小碗周围，放姜片及绍酒，借用拔火罐的原理，把蒸炖过程中析出的血水和黄鳝身上的滑腻黏液全部吸入碗内，以确保成菜的清爽可口。苏州菜的讲究，体现了厨师的顶真！

苏州厨师的烹调手段高明，苏州文人也深谙美食精义，而旧时苏州饭店的老板也有着非同一般的见识。蒋洪在《盗朱龙祥的关子》一文中，提到一个细节：以前掌柜开门前第一件事，就是给厨师喝一碗亲自调味的鲫鱼汤，以确保厨师当天所烹制每一道菜肴的正确味道。我们经常看到，交响乐团登台演出，所有乐手依次入座，首席小提琴站起轻轻拉几下A弦，整支乐队根据他的琴声校正各自乐器。这碗鲫鱼汤就起到了定音的作用。

蒋洪的顶真，在写文章这档事上也表现得淋漓尽致。在这本书里，他用足了考证功夫，将学术课题与市井文化有机地结合起来，可读可议可生发奇思妙想，着实令人叹服。比如他条分缕析“莼鲈之思”所思的那条鱼，就是很让人长见识的；再比如他解读“松子东坡”这块“相当苏州”的肉，不仅用优美的文字还原了苏东坡落魄之中游访姑苏的历史现场，还从多种典籍中参照了江南几大帮派菜肴中的“东坡肉”“松子肉”等元素，为研究苏州名菜提供了理论依据，然后再提供足资操作的“葵花宝典”，令人食指大动，舌本生津。

三年后，蒋洪兄又有新著付梓啦，《寻找美食家·续集》（上海书店出版社）赓续前一本的宗旨与风格，时间凝成影像，脚迹化作文字，他在寻找美食与美食家的路上继续前行，不亦乐乎。除了继续披露厨房秘辛，解读吴越美食，回味乡味乡愁，蒋洪在“饮馔随笔”这一板块上用力尤重，他不仅将寻访美食的路线伸展到外省市，还饶有兴味地回溯到春秋时期屈原吃过的吴羹、清代戏剧家李渔笔下记载过的四美羹、乾隆爷下江南时在苏州与爱妃一起享受过的燕窝把红白鸭子苏脍、苏造鸭子肘子肚子肋条攒盘等二十余“纯苏州”款鸭肴、清末玄妙观热销的阿昭熏烧、传说中阿尧师傅的八宝葫芦鸭和金蹼仙裙，等等，还巨细靡遗地记叙了在叶放的南石皮记私家园子里品尝印度美女 Anumitra 烹制的异国风味，在黎里旅游大开发背景下成为网红产品的辣鸡脚、李永兴酱鸭和套肠三样等特色佳肴，当然，他亲自参与发掘、整理的江南运河宴多个版本，更是倾注了一个美食作家的巧构与心血。

就在这本美食随笔集即将杀青之时，蒋洪视野中的美食版图发生了根本变化。2019 年 10 月 25 日，国务院原则同意《长三角生态绿色一体化发展示范区总体方案》，指示要“走出一条跨行政区域共建共享、生态文明与经济社会发展相得益彰的新路径。”沪苏浙三地很快做出积极响应，决定在青浦、吴江和嘉善这块“小三角”区域先行先试，将三地打造成为一体化示范区，目标是 2035 年全面建设成为示范引领长三角更高质量一体化发展的标杆。

蒋洪敏感地意识到，对于美食而言，这肯定是历史给予的极佳机会。

“小三角”交通便利，区域相接，语言相近，人文相亲，经济文化发展水平大体相当，风味美食与民俗节令同存同进，互为参照又各具特色，那么给吴越美食的发扬光大提供了更大的空间，可以设计更多的课题。

诚如蒋洪在本书一篇文章里所言：“青吴嘉”全境 2300 平方公里入

列长三角生态绿色一体化示范区，成为长江三角洲区域一体化发展的先行军，顿觉自己的责任不应仅为吴江的一亩三分地，在策划并组织了一体化示范区地标美食评选活动后，感觉更加强烈。

“一体化”“高质量”自然也不能绕过与人民群众的生活和生产休戚相关的美食，美食既发挥食物的一般功能又令人产生愉悦的心情。中国文明投射在饮食上亦呈现多元一统态势。这些都是蒋洪在研读了国家层面的有关文件，并参照吴越文化历史经验后得出的结论。

前年，榴花初绽的日子，我与国斌、蒋洪一起探访了吴越分界的汾湖。对，“汾湖便是子陵滩”，就是柳亚子在诗中发嗲时说的汾湖。东联村宁静祥和，稻田菜圃，凉风习习，蛙鸣池塘，莲叶田田，一幢三间由村民旧居改造的张翰纪念馆在河边伫立，粉墙黛瓦，古朴雅致，颇合“江东步兵”张翰（字季鹰）先生的性格脾气。

张翰与“莼鲈之思”这个成语，是一枚银币的两面，在中国文学史里已经闪烁了一千七百年。千百年来，张季鹰的“不合作态度”，或说思乡情怀，一直被加载新的内涵，越发受到文人骚客的敬仰，那么追寻张翰的归宿就成了一项别有怀抱的历史使命。早在宋代，吴江就有三高祠，祭祀范蠡、张翰、陆龟蒙，与垂虹桥遥相呼应。清康熙屈运隆编纂的《吴江县志》（1685年）记载：“晋东曹掾张翰墓在二十九都南役圩。”清初长洲学者张大纯实地调查后，在《三吴采风类记》中明确记载张翰墓在二十九都二图南役圩，并作《过季鹰墓感赋》。芦墟人沈刚中在其《分湖志》（1747年）中记述：“南役圩有古墓，无封植树。民指为翰墓。”嘉庆年间（1800年前后），该地曾有张翰墓碑出土，后来吴江知县黎庶昌重修张翰墓并立石。但是接下来的一百年里，吴中屡遭兵祸天灾，沧海桑田猝不及防。

1958年秋，吴江县文教局工作人员在历史的废墟中发现了张翰墓，可惜墓碑和神位已毁。次年，张翰墓被列入省级文保单位名目第三批存栏。遗憾的是数年后被“摧枯拉朽”了。

纪念馆负责人还告诉我们：根据2000年的调查结论，张翰墓遗址在莘塔镇枫西与荡东两村之间的东枫小学内，前排平房教室西半部即墓址所在；敬信庵原址上已改建成村办公所和小工厂。

纪念馆的辟建顺应了吴江学术界、文旅界人士和广大民众的愿望，张翰的画像和塑像，围绕张翰的历代传说，文人墨客赞美季鹰先生高风亮节的诗词歌赋，以及与吴地有关的民风民俗等，均有展呈，观众能从图文资料中提炼出两个主题：一思乡，二倡廉。

鉴于纪念馆主要以图文资料为主，稍能见证吴中古风的实物付诸阙如，我半开玩笑地提了一个建议：何不将雕胡饭（至少是太湖茭白）、莼菜羹、鲈鱼脍（不是清蒸鲈鱼）做成树脂材料的仿真模型，让观众直观地审美一下？

蒋洪兄接过话头对纪念馆美女馆长说：“可以先指导厨师制成菜肴，拍成视频后交给有关单位复制，最后陈列在展厅里。否则的话，观众真不知道莼羹鲈脍是怎么回事呢！”

蒋洪兄回头又告诉我，汾湖已有村民在养殖太湖花鲈了，不过花鲈养殖必须是在半野生环境中，否则存活率低，肉质也差。这货从外表看就知道是鱼中一霸，游速极快，食量奇大，专爱捕食小鱼小虾，塘里若有两三尾称王称霸，其他鱼虾就暗无天日了。养到一定时候，鲈鱼还得放到野塘里瘦身，此时渔民想捉一条上来打打牙祭，也不能保证张网即来。

蒋洪有意在东联村推广太湖花鲈养殖，村领导肯定“这是个不错的想法”。我听了甚感欣慰，果真如此的话，太湖花鲈大面积回归雨前霜后的飨宴，或不再遥远。将千年传说转化为一份美妙的味觉体验，又能为旅游业提供一个极好的卖点，作为长期受姑苏风味调教的上海人，我是充满期待的。

“莼羹紫丝滑，鲈脍雪花肥”(司马光诗句)，橘橙熟栗黄，何不思季鹰！

是为序。

2021 年初夏

序　二

西　坡

苏州吴江，由一个“隐忍收敛”的美食之乡，一跃而成一个“飞扬跋扈”的美食之乡，仅仅用了十几年。

现在，“吴江美食”的名声播腾遐迩，苏州及苏州周边地区，尤其是上海人，去到吴江，品尝美食占了很大的动机权重，有时甚至就是冲着那里的美食而去的。

这里面，似乎有一只“看不见的手”——市场，在推动。事实上，单靠市场来实现资源的最佳配置，是远远不够的，离成功还差得很远，我们有许多现成的案例可以说明这一点。因此，一定有一只貌似“看不见”而实际上“看得见”的手，在发挥着巨大的推动作用。

我想，你已猜到，那是蒋洪先生的手。

正像你知道的那样，经济活动中的“看不见的手”和“看得见的手”不相挤兑，交互补充，合理运用，它所产生的效率才是最高的，这在中国的经济体制和营商环境里，体现得特别充分。

作为政府职能部门的管理者，蒋洪先生身上确实长着一只“看得见的手”，编制规划，引入投资，落实政策，监督执行，服务企业……哪个都是“抓手”，哪个都需“推手”，哪个都得“着手”。否则，一手好牌，也会打烂，变成两手一摊，空空如也。

该出手时要出手，这是职责所在。

由政府部门主导的美食节、品鉴团、评选赛、研讨会、推广季，等等，我们都会看到蒋洪先生出没的身影，特别是他那只喜欢指指点点的手。

他不辱使命，对得起纳税人的供养。

然而，蒋洪先生清楚地知道自己的那只“手”的权限以及对于另一只“看不见的手”的尊重。

是的，在非公企业发达的吴江，过多的行政干预并不是什么好事。

我不相信一个文旅部门级别并不高的官员，手会伸得很长，长到可以管到人家开饭店的酱怎么放、油怎么放、盐怎么放、醋怎么放、糖怎么放……况且，他在此也没有什么“寻租”的可能。然而，这样的“长臂管辖”竟然发生了，竟然有效了，竟然被认可了。这不能不说，蒋洪先生对吴江的餐饮业态，很上心，很负责，很热情，也很有管理、指导和整合的能力。

在吴江的餐饮企业，不管是私还是公，对他的种种“插手”，人家深表欢迎——那就等于一个耆老硕儒或留洋学子主动地、免费地传经送宝，在做公益呢，有什么理由要拒绝？

蒋洪先生虽然不是厨师出身，谁也不会怀疑他的专业水准。听他评论一道菜品，读他一页文章，我们就明白“纸上谈兵”对于他来说，已有一种全新的境界和内涵，具体来说，以扎实的知识储备去观照具体的操作现场，然后作出鉴别，总结经验，形成概念，最终反哺市场，从而提升业界整体水平。这一点，一般美食家是无能为力的，即使最好的烹饪大师也捉襟见肘，只有集美食家和官员双重身份于一身的人，才当行出色。举例说，蒋洪先生的师父华永根先生便是此中翘楚。薪火相传，不知其尽，作为华先生的得意弟子，蒋洪先生自然堪为典型。

蒋洪先生在业内名声很大，担任过吴越美食推进会的会长就不去说了，还“跨栏”跳到上海做了上海食文化研究会的高级顾问以及在其他地方的饮食研究机构挂名。那可是行家里手扎堆之所啊，凭啥？就凭他对烹饪理念的深刻理解以及工艺路数的细大不捐。

同样的，蒋洪先生还吸引了众多读者，包括我这样口味很挑剔的读者。

蒋洪先生的美食文章，最大的特点，概括起来一点不困难——不熟悉的不写；不实用的不写；不接地气的不写；不见脉络的不写。谓予不信，请看本书中的《苏州红烧菜密码》《咸鱼翻身是风鱼》《冰糖桂花鸡头米》《酥鲫鱼的前世今生》诸篇，可知货真价实，诚不我欺。

值得一提的是，美食文章看上去好写，其实不然。有料，也就是紧扣烹饪美学的主旨，是美食文章的魂魄，脱实向虚，终究不过是玩情调的小摆设。有料，却缺少富有质感的表达，比如隽逸的文笔、流畅的叙述、形象的比拟、丰富的知识、独到的见解，又难免成为一本硬邦邦的菜谱。

有料并且不硬邦邦，蒋洪先生做到了。

我不认为蒋洪先生的这些文章已经成为所有美食文章的标杆，但我必须承认他是一种范本，无论对于烹饪专业的从业者还是娱情解闷的消费者来说，都是恰到好处、一捧起来就放不下的读物。

请信任我的这个判断，因为毫无原则地吹捧从而被读者唾骂，对我来说既没必要，也不可接受。

临末，我希望蒋洪先生的那只“手”还得要多指指点点，点石（食）成金嘛。不点，石（食），哪能成得了金？

2021 年 7 月

目录

吴越美食

难忘乡愁

饮馔随笔

厨房秘辛

厨祖伊尹

丁酉年季秋，全国美食地标城市高峰论坛在陕西合阳召开，其间我参加了厨祖伊尹祭祀活动。伊尹为商元圣，其烹调理论流传于世，为后人所敬仰。旁人嘀咕，不是还有彭祖和易牙么？篯铿以雉羹侍尧而始创彭祖国，与伊尹比略欠火候；易牙善调味，能尝知淄渑，但其烹子献糜为人不齿，不堪担当。

己亥年孟冬，我与苏式糕点非遗传承人震泽仁昌顺老板陆小星探究苏式糕点入鲁可行性，随鲁坤集团领导在莘县作短暂停留，承蒙聊城旅游协会王金福会长盛情款待，宿伊尹主题酒店品鉴聊城非遗伊尹治国美食养生宴。伊尹，名挚。“尹”是商汤所封之官职。《史记·殷本纪》皇甫谧注云：“尹，正也，谓汤使之正天下。”

伊尹的身世，集中披露于战国时期，战国《墨子·尚贤下》：“昔伊尹为莘氏女师仆，使为庖人，汤得而举之，立为三公，使接天下之政，治天下之民。”战国《孟子·万章章句上》：“伊尹耕于有莘之野，而乐尧舜之道焉。”秦《吕氏春秋》记载：“有侁氏女子采桑，得婴儿于空桑之中，献之其君，其君令烰人养之。”有莘是夏朝方国的名称，女子在空桑发现婴儿，国君令庖人抚养。长大后挚于莘野躬耕，乐尧舜之道，商汤娶有莘氏之女时，挚是陪嫁的厨师。

商汤以尚贤为政之本，与挚杀牲歃血。《谷梁传》僖公九年注：“郑君曰：‘盟牲，诸侯用牛，大夫用豭。’”以大夫之礼虚心请教，挚便如此这般地将治国之道和盘托出，老子称此为“治大国，若烹小鲜”（春秋《道德经·第六十章》）。江南厨师都知道“烹小鲜”不能引铲多翻，一翻就烂。苏州菜里有一道小鲜“酥鲫鱼”，一层葱一层鱼，加绍酒、麻油和酸醋长时间烹制，只在出锅时用锅铲小心翼翼地起鱼，鲫鱼原模原样又肉鲜刺酥。

钱穆《国史大纲》推测：“殷人居地，大率似在东方。自汤以前，大体皆在今河南省大河南岸商邱‘所谓宋’之附近。”大河，即黄河。商邱为商丘。所谓宋，指周将殷贵族分封此地，名宋，为周诸侯国。挚的活动范围，大致为空桑、有莘、南亳（商都，今商丘）、斟寻（夏桀都，今洛阳），多数在今豫东鲁西一带。钱穆《史记地名考》载：“孟子‘伊尹耕有莘之野’，此莘，在山东曹县北。”《史记·正义》括地志云：“古莘国在汴州陈留县东五里，故莘城是也。《陈留风俗传》云：‘陈留外黄有莘昌亭，本宋地，莘氏邑也。’”汴州为开封古称。宋《太平寰宇记·卷一》：“故莘城在县（陈留）东北三十五里古莘国，国语：汤伐桀，桀与韦、顾之君等拒汤于莘之墟，遂战于鸣条之野”“空桑城在县（雍邱）西二十里，按帝王世纪云伊尹生于空桑，此是伊尹生处。”雍邱，今河南杞县。

伊尹辅佐太丁（汤）、外丙、中壬、太甲、沃丁五君王。太甲继位后，执政理念出现了偏差。《尚书·商书·太甲上》记载：“太甲既立。不明。伊尹放诸桐。三年。复归于亳。”《史记·正义》括地志云：“洛州偃师县东六里有汤冢，近桐宫。”不明，指太甲偏离汤的方向。桐为桐宫，伊尹没有泄气，将太甲放逐在汤的墓地旁思过，太甲得悟“天作孽，犹可违；自作孽，不可逭。”孽，灾害。逭，逃避，免除。天灾可避，自作灾难逃。太甲犯错伊尹纠，还可回头。天下厨者众，有几人没走弯路？又有几人能得到伊尹一样的贤者指点呢？

《吕氏春秋·本味》用“求之其本，经旬必得；求之其末，劳而无功”开篇，以“功名之立，由事之本也，得贤之化也”推论“其本在得贤”。

无论是治大国，还是烹小鲜，均以得贤人为本。如果站在厨者的立场，做菜以什么为本呢？有一回，一盘色泽卖相俱佳的红烧肉勾起了我的食欲，夹起就咬，略加咀嚼，猪臊味突破辛香味的掩盖充斥口腔，吐之不及。在雅集之筵席，如有人说吃到猪肉，话外音就是庆幸吃到了猪肉的本味。此“本味”指食材原本的味道，若谁认为腥是鱼原本的味道，则明显不辨真伪了。伊尹言：“夫三群之虫，水居者腥，肉玃者臊，草食者膻。臭恶犹美，皆有所以。凡味之本，水最为始。”江南常见的动物性食材不外乎水产、家禽、家畜等，好与不好都有缘故，此因是生长的环境、喂养的饲料、生长的时间，乃至饲养的方式等。那么，如何去掉掩盖了本味的腥臊膻呢？用水。荤腥食材浸水可减轻血腥味，水中若还有食盐、绍酒、葱姜、陈醋等加持，则事半功倍也。要是这还不行，就得借助火力了。伊尹言：“五味三材，九沸九变，火为之纪。时疾时徐，灭腥去臊除膻，必以其胜，无失其理。”五味即酸甘苦辛咸，三材指水木火。火当火种讲，木泛指燃料。九是数之大者，引申为多数。疾指旺火，徐是文火。以火为法度，增减釜底之薪，使釜内汤水随火之疾徐，或沸腾，或沸而不腾。何为理？依据规律、共识而形成的原则、准则等。“鼎中之变，精妙微纤，口弗能言，志弗能喻，若射御之微，阴阳之化，四时之数。故久而不弊，熟而不烂，甘而不哝，酸而不酷，咸而不减，辛而不烈，澹而不薄。”如此处理食物，便可激活本味，没有例外的。苏式面馆正宗与否，吃其焖肉即可分高下，若焖肉隐有猪臊味，乃主厨失其理也。伊尹曰：“调和之事，必以甘酸苦辛咸，先后多少，其齐甚微，皆有自起。”齐，剂量。调和，要以食物本味为主，再视情以五味调之，这自起之味就是食物的本味。为何苏菜、粤菜多清蒸之菜？盖因喜本味者众也。

烹调之法，以道御术。道是恒定的，代表了一切事物运行的规律和准则；道又是千变万化的，会随悟道者的觉悟高低而呈现不同的面目。

除非论道者境界相同，否则“道可道，非常道”；相对于“道”而言，“术”即厨艺、手艺。《礼记 · 中庸》曰：“道也者，不可须臾离也，可离非道也。”厨者离不开的东西，除了手艺，就是对烹调规律性的把握与理解，这是“厨者之灵魂”。且看那做事漫不经心者，必“魂灵头覅勒身上”。不能全神贯注于当下，就不会有灿烂辉煌之将来。若将厨艺比作显术，那么以厨者之灵魂悟得的秘密或绝技就是隐术。旧时手艺人的认知，多数停留在“教会徒弟，饿死师傅”的层面，故而只教显术，不传隐术，无用隐术之菜品必缺灵气韵味，如此自设樊笼，本门功夫一代不如一代。内行看门道，只有内行才能在菜品中发现厨者之灵魂。如苏州炒素，掐去黄花菜花蒂硬梗，用素汤提鲜；再如，无论清蒸还是红烧，肉厚之鱼先给底味，如此等等。

以伊尹为厨祖，厨者之灵魂须臾不可离厨艺。

常熟蒸菜，三分天下有其一

在蒸菜江湖上有点名头的城市，要数湖北天门、湖南浏阳和江苏常熟了。天门蒸菜以清蒸、粉蒸和炮蒸三法为基础形成天门九蒸，保留了清淡的传统口味；浏阳蒸菜则借着豆豉提香调味，以辣椒和茶油佐味；而常熟蒸菜不下百五十道美馔，春夏秋冬各不同，以汤水体现本味，干蒸、汤蒸、粉蒸、生蒸、熟蒸等各显神通。

在陶烹熟食时代，煮用釜、蒸用甗（yǎn）。釜：圆底而无足，必须安置在炉灶之上或是以其他物体支撑煮物，釜口也是圆形。甗：古代炊器。下部是鬲，上部是带箅（bì）的甑。以前江南农家灶屋间多见铁锅土灶，锅内煮饭烧菜，锅中搁一个蒸架，蒸架上面放调好味的菜碗，合上高盖，就等着香气四溢，馋虫挠心。

可以说，最高大上的蒸菜，也是从家常菜中演变而来，一个地方百姓的饮食习俗，决定了这个地方餐饮的特色。“常熟蒸菜烹饪技艺”是常熟市非物质文化遗产项目，传承人是顾美刚、王振飞和张建中，三位大师不善言谈却个个功夫不凡，我称之为常熟三剑客。他们守正创新，从菊花爆鱼、翡翠金砖、招财进宝、金屋藏娇、白汁银蹄、神仙草鸡、鸡汤三丝、南腿鸭方等老八样发展到如今，是常熟蒸菜不可或缺的推手。在历次省级以上的烹饪比赛中，常熟蒸菜的出现频率之高、厨艺体现之精令评委和他乡选手折服。后来，常熟成为第三个中国蒸菜美食之乡，之后就有了位于常熟李闸路 197-1 号的常熟蒸菜研发中心。

一日，我应邀赴约，见研发中心走廊里有各种蒸菜的图片，蒸菜一品锅的图片较为醒目，一品锅是常熟蒸菜的招牌，我指着照片说来常熟吃蒸菜未见一品锅等于白来。三间包厢内的书画小品是张建中大师的亲笔，他亦是江苏省书法家协会会员。平时，研究中心由苏帮菜十大宗师之一的张建中大师打理。那天，张大师开列菜单如下：精美八味、四喜蒸瑶柱、松茸山药玉蝴蝶、浓汤春笋鲍片、菜干头咸肉、酥鳝虎皮肉、香干旱芹、香椿豆腐、牛角菌鲞鱼、面筋鸡汤生鱼片、银萝瑶柱甲鱼、豆腐丸子米面金瓜、生煸菠菜、荠菜团子、红汤面。席间，与徐鹤峰大师、张建中大师和王振飞大师讨论了酥鳝、爆鳝、烩鳝和脆鳝的烹制细节，酥鳝为生鳝开片油炸至酥，其余则为烫鳝后取肉、复炸而成。脆鳝、爆鳝和烩鳝均需高油温复炸，然炸脆鳝应炸至鳝中水分全失，故属高油温长时间油炸；爆鳝是烩鳝的原料，而脆鳝及爆鳝则是炸制后裹汁。常熟早先轻纺业十分发达，浆布所需淀粉就是从麸皮面粉中汰洗而来，菜单所列面筋即水面筋包肉，与吴江水面筋包肉的区别在于常熟面筋包拢时留一小天窗，可见肉馅，个头也比吴江略大。

这次找不到以往常熟蒸菜汤味单一的感觉，也没见一品锅，徒弟青松特意去后厨观摩，返程时悄悄对我说厨师用了四种清汤勾兑组合了这桌佳肴的底汤，这就是不使我等心生遗憾的原因。我以为，苏州菜的基础是家常菜，苏帮菜是苏州菜的最高表现形式。如以地域论，常熟菜亦是苏州菜，常熟蒸菜从家常化的梅李蒸菜中脱颖而出，继而以其精致典雅而成为苏帮菜的重要补充。

幻想着能有一间吴越美食传习所，在展示吴越饮食文化的同时，也能像常熟蒸菜研发中心那样，为苏帮菜添一砖加一瓦。

裁判室里的乾坤

对于参加厨艺大赛或资格考试的选手而言，裁判室是其希望所在，期望裁判们能够彰显公平正义。而我则行走在裁判室和展示区之间，判断着裁判的判断，在和谐的竞技氛围里，看着一众忙碌的背影和展台前三三两两拍照议论的选手。大家都在等着发榜，在这之前一切皆为谜。

所谓公平，指裁判和选手之间、裁判之间以及选手之间没有贵贱高低之分，受同样的规则约束。选手看到的，即是裁判所依据的。很多情况下，大部分选手对规则的理解力有限，在没有吃透规则的情况下埋头做菜，只能有一个“比赛经验不足”的结果。比如规则要求选手提供尝碟供裁判品鉴之用，违者相当于放弃了大半的得分机会。当然，裁判理解规则也会出现偏差，比如“不能出现盘中盘”，正解是所有非食物出现在餐盘中，即为盘中盘。裁判打分后，一位统计人员报数并监督输入，另一位负责复述并输入分数，Excel 自动去掉最高、最低分得出平均值。评分表、操作监理表、汇总表以及成绩单等均需裁判、监理、统计以及裁判长签名确认，以备查询。哪里还有漏洞？裁判超出基本判断。裁判们偏好商定起评门槛，说是给厨艺相对较弱的选手留面子。要我说，能让每一位选手知道自己的真实成绩，更有利于他们了解自己所处的位置，或急起直追，或激流勇退，一切随缘。

正义，指裁判在裁量时应不分亲疏、一视同仁。中国文人对美食最为上心，色香味形器等饮食审美也随即成为全国烹饪大赛裁判的定性指标，但定性评价易受裁判主观左右，“人非圣贤孰能无过”？因为阅历经验及背景不同，裁判之间对作品的理解与喜好有差别实属正常，但应理性地控制在正常范围之内。否则，裁判在各种因素的影响下，难免跟着感觉走，有的裁判认为选手用高档食材，是对比赛的重视，额外给了高分；有的裁判主见不够，只要其他裁判说这菜如何如何，就可以带偏他笔下的分数；有的裁判指导过选手，熟悉菜式，菜肴刚上桌就夸好，其他裁判便心领神会；还有逮到机会就喋喋不休地炫技的裁判，等等。堪忧裁判顶真不在线，裁判室“非请莫入”，就是怕好事者捅破那张马虎了事的纸。

除了强调专业精神和职业操守，能否相对减少裁判的主观裁量呢？有的。从食客的角度出发，在味、质、色、形四方面从高到低设定关键缺陷、重要缺陷、一般缺陷。到这步还是定性评价，别急，让我们再给缺陷分配加权系数，关键缺陷为10，重要缺陷为5，一般缺陷为1。就此开始定量，数学公式为：

$$QKZ = 100 - \sum FP（缺陷数之和）/N（抽样数之和）$$

注1：QKZ，在产品审核中将缺陷理解为未满足规定要求的项目的数值。称产品审核质量指数，亦称质量特性值。

注2：$\sum FP = \sum$（缺陷数 × 缺陷等级系数）= 关键缺陷数 ×10 + 重要缺陷数 ×5 + 一般缺陷数 ×1

量化评价，需拟定各菜品质量的关键点，并根据轻重缓急分配至对应的缺陷等级，此法俗称“捉死做”。以松鼠桂鱼为例，样本数N = 1，裁判发现6条缺陷，其中：2条关键缺陷（如：中心温度小于60 ℃，装饰形式大于内容）；1条重要缺陷（如：未达成应有味型）；3条一般缺陷（如：勾芡不善，色泽不符合，器皿不匹配）。那么，该松鼠桂鱼的质量特性值为：

$$QKZ = 100 - (关键缺陷数 \times 10 + 重要缺陷数 \times 5 + 一般缺陷数 \times 1)/N$$
$$= 100 - (2 \times 10 + 1 \times 5 + 3 \times 1)/1 = 100 - 28 = 72$$

假设事先设定合格的质量特性值必须超过 80，或不允许出现关键缺陷，则该盘松鼠桂鱼的考核不被通过。不管什么方法，公平正义为裁判主心骨。依靠裁判的同时，还需对裁判过程、监理过程、统计环节等实施制度性监督，预警发生即可踩刹车皮纠错。

现阶段，我只想大呼："铁面判官在哪？蒋洪求见。"

将认真置顶

认真置顶即顶真。

年前憋了个大招，春节宅家防疫，思量此招的含金量决定成败，需要一群拥有绝技、公信力强且乐于分享的人来实施，顶真是这群人的特征，他们是打铁的榔头，以锻造顶真厨者为使命。

顶真的本义是认真，个人觉得其专注程度及频率似乎比认真强、高。顶真有多项词义。写文章，顶真是“毋须限制上下句的字数或平仄，但上下句交接点一定要使用相同的字或词”的修辞方式。雅如《诗经・关雎》：“窈窕淑女，寤寐求之。求之不得，寤寐思服。”俗如“门外有条街，街内有个巷，巷内有个庙”。做女红，顶真是扎鞋底或缝补衣被等较厚面料时的辅助性缝纫用品，俗呼顶针箍。一般戴在无名指，将针插入面料后，利用顶针箍表面的坑凹锚定针尾，手指用力一推，针即顶穿面料，再拔针……循环往复。

顶真者当敬畏职业，义无反顾。人之格局以公为上，以私为下。春秋时，专诸明知刺僚无生还可能，仍费时三月向太和公学炙鱼之法，此顶真可谓至死不渝。《吕氏春秋・孟春纪・去私》：“庖人调和而弗敢食，故可以为庖。若使庖人调和而食之，则不可以为庖矣。”从事厨师职业，就得有专业精神，职业制作的菜点属“公”不可“私”用。作为手艺人，厨师在绝大多数情况下并无旁人督促，“头顶三尺有神明，不畏人知畏己知”，全凭良心从事。如管理规范，素日里多自律、他律和律他，则必有成大事者出于此；若他律不到位，自律又不够，为人师后该如何律徒？如此，厨房岂不是成了黑色染缸，怎教人放心得下？！

厨者当在专业上顶真。厨者的安身立命之本，是尊师重道、不断积累和更新专业知识以及重视操作经验。需要厨者“旁若无人”地在专业上保持定力，排除讥讽、劝阻、表扬乃至赞美等干扰，拒绝一切可能偏离目标的诱惑。旁人只知你一而再，再而三的执著，体会不到你心路历程中的沿途美景和清新风气；旁人只见你日复一日、年复一年的一如既往，感觉不到你每一次小小的突破，是一块理想变成现实的拼图。国外的“万时定律”和袁枚的《随园食单》中“务极其工，自有遇合”不谋而合：你若用不少于一万小时的工夫，专注在某专业领域追求极限，就可达到大多数人够不着的高度。

顶真厨者当美人之美。厨房工作需团队协同推进，团队内部厨师之间，团队与其他团队之间，避免不了交流和竞争，以积极的心态全身心投入竞争，你起码会赢得对手的尊重。“美人之美”出自社会学家费孝通十六字箴言：“各美其美，美人之美。美美与共，天下大同。”各美其美，指自己的厨艺实力帮不上别人或别人不需要你帮忙的时候，做好自己的本分。厨者格局的不同，决定了“美人之美”的三种情形。一是“知彼之美，事不关己”；二是“以人之长，补己之短”；三是“识彼之短，助之补之”。人贵有自知之明，“山外青山楼外楼，自有高手在后头”。自己的厨艺到底处在什么水平？需要时不时地找标杆比试。

处在信息瞬息万变，时尚手机端学习的分享时代，单打独斗或我行我素者终将被淘汰。厨者需在学习中探索心智与身手的完美协同，分享厨艺诀窍，顶真满足客需，和睦同事同行。如此，就会赢得更多人的追随。

顶真未必成师匠，师匠皆为顶真人。

今生不离绍酒

绍酒，是绍兴老酒或绍兴黄酒的简称。我第一次喝酒，是高中毕业在食品站学工的第一个冬天，同事小聚，饮了过量温热的黄酒，当场“直播”。回家后父亲告诫：“喝酒要知酒性。”

我对绍酒的认知，就是酒精度不低于 15° 的黄酒。黄酒为世界三大古酒之一，源于中国。黄酒品种繁多。著名优质的黄酒有绍兴加饭酒、福建老酒、江西九江封缸酒、江苏丹阳封缸酒、无锡惠泉酒、广东珍珠红酒、山东即墨老酒、兰陵美酒、秦洋黑米酒、上海老酒、大连黄酒、北宗黄酒，等等。

绍兴，古称山阴，因境内有会稽山而别称会稽。秦始皇统一中国，设三十六郡之会稽郡，辖春秋时长江以南的吴国、越国故地，包括太湖流域，浙江仙霞岭、牛头山、天台山以北和安徽水阳江流域以东及新安江、率水流域之地，治所设在吴县。有此渊源，苏帮菜大厨善用绍酒不足为奇。

酒是大自然的杰作，果实和谷物的自然发酵产生了最初的酒，而最先享用酒的可能是动物。1977 年江苏泗洪发现“醉猿化石”，距今 1500 万年……夏朝，仪狄酿造出美酒。西汉经学家刘向编订《战国策·魏策》：“昔者，帝女仪狄作酒而美，进之禹，禹饮而甘之，遂疏仪狄，绝旨酒。曰：‘后世必有以酒亡其国者！’”

2017 年立冬，我随东山会老堂邢堂主及海派文化学者沈嘉禄老师一同参加绍兴黄酒开酿仪式，在古越龙山的酒文化博物馆里，伫立在酒神仪狄和杜康雕像前，思绪万千，怎样才能喝到中意的黄酒呢？想着万一有人问你来绍兴做啥，怎么回答？？听介绍得知，黄酒按照含糖量的多少可分为元红、加饭、善酿、香雪四种。女儿红、状元红属元红。含糖量小于15.0 g/L，属干型黄酒；花雕属加饭系列。酿造时改变饭与水的比例，含糖量在15.1—40.0 g/L，是半干型黄酒的典型代表；善酿。酿酒不用水而以存储一至三年的元红替代，含糖量在40.1—100.0 g/L，属半甜型黄酒；香雪。采用45%的陈年槽烧代水用淋饭法酿制而成，酒体呈白色，含糖量大于100 g/L，属甜型黄酒。

江南人偏爱绍兴黄酒，是因为其基因依赖黄酒的酸甜苦辛鲜涩。米、曲及添加的浆水和醇醛氧化，产生乳酸、乙酸、琥珀酸等十多种有机酸。酸有增加浓厚味及降低甜味的作用，甘冽、爽口、醇厚的感觉离不开合适的酸；米和麦曲经酶水解产生葡萄糖、麦芽糖等，经发酵产生甜味氨基酸和2，3-丁二醇、甘油，以及发酵中遗留的糊精、多元醇等。滋润、丰满、浓厚、稠黏的感觉来自适度的甜；用曲量多、糖分高、贮存长的酒会有苦味。主要来自发酵过程中所产生的某些氨基酸、酪醇、甲硫基腺苷和胺类等。糖色也会带来一定的焦苦味。恰到好处的苦味，使味感清爽；酒中的酒精、高级醇及乙醛等成分构成辛辣味。陈化后，辛辣味有所减少，渐变香浓醇厚；鲜味来自谷氨酸、天门冬氨酸等氨基酸以及蛋白质水解所产生的多肽及含氮碱；涩味主要由乳酸、酪氨酸、异丁醇和异戊醇等组成。涩味适当，能使酒味有浓厚的柔和感。

在古越龙山占地308亩存酒1100万坛的陈化车间里，我被空气中弥漫的淡淡的酒香包裹，忍不住扇了好几次鼻翼，十足的馋痨呸样，我已经戒酒多年，可是我知道这酒香可令肴馔的味道丰富起来。黄酒含有乙醇、糖分（葡萄糖、麦芽糖、低聚糖）、总酸（谷氨酸、天门冬氨酸、赖氨酸等）和诱人的馥郁芳香（自米、麦曲本身以及发酵中多种微生物的代谢和贮存期中醇与酸的反应，是由酯类、醇类、醛类、酸类、羰基化合物和酚类等多种成分组成，是复合香）可有效矫味提香。如鱼类中含有氧化三甲胺，能被还原为三甲胺，三甲胺具有腥味，但能溶于乙醇等有机溶剂中，乙醇的沸点低（78.3 °C），在烹调过程中三甲胺也随之蒸发，达到去腥的效果；肉类中口感油腻的脂肪滴能溶解在热的乙醇中，随着乙醇的蒸发而去掉“油腻的荤味”，故想要使肉肥而不腻，烹饪时得用上好的绍酒。

用啤酒或白酒替代行不行？啤酒的乙醇含量低，矫味作用不明显；白酒中乙醇含量比黄酒高，若非长时间炖煮以挥发，会破坏菜肴的风味；黄酒的糖分和总酸含量比白酒和啤酒高，生成的酯类比白酒和啤酒多，黄酒提的就是酯香。

比较苏帮菜与淮扬菜、杭帮菜发现三者的相同点是菜谱中凡烹饪用酒，均为“绍酒”。清代会稽人童岳荐在《调鼎集 · 酒谱》中写道：“吾乡绍酒，明以上未之前闻……缘天下之酒，有灰者甚多，饮之令人发渴，而绍酒独无。天下之酒，甜者居多，饮之令人停中满闷。而绍酒之性，芳香醇烈，走而不守，故嗜之者以为上品，非私评也。”我以为，绍兴黄酒甲天下，古越龙山占鳌头。

明朝时，铜罗村人挖泥封酒坛，意外发现西汉辞赋家严忌之墓，铜罗遂改名严墓。严墓当下年产黄酒 12 万吨，这做酒的本事是不是来自绍兴？猜想是。因为铜罗正经酒作坊的酒和绍兴加饭酒一样正经。

黄酒“好上口，难脱手”，都说铜罗人都能喝酒，那是他们知黄酒的酒性。而我是个例外，绍酒多用来烧菜、醉蟹、做馥贞。

梦里的零点厅

20 世纪 90 年代初，我受命筹建吴都大酒店，借着去省建筑设计院的机会，领略过几次南京丁山宾馆的风采，其时南京有“食在丁山”之说。印象里，丁山的零点厅布局在餐厅中间，小方桌为主，丁山排骨、生爆甲鱼等美食脍炙人口。记忆中，餐厅大门右侧的明档食亭，供应好吃的鱼汤小刀面。

吴都装潢设计时，在餐饮区二楼沿街靠窗布局了约 40 个散座的零点厅，取名“沁园春”。开业后很受客人的喜欢。生意好了难免出现有单无菜和超时出菜两大问题，你猜，我是怎么解决的？

惟营收论的职业经理人，是不屑在零点厅里下功夫的，而零点服务恰恰又是餐饮服务中最为核心的部分，零点服务包含了中餐正餐服务的全流程要素，服务员若不具备一定的观察力、语言沟通力、综合协调力以及应变融通力，则会招客人投诉或无法应对下不来台。有一回我们的午餐定在金陵饭店，钱国钧先生有意将隔壁留座小方桌上的摆台作了一些微小变化，不一会儿就被巡视的主管发现并随手纠正了过来，钱先生曾在东郊宾馆为毛主席服务过，也当过南京双门楼宾馆经理，那一年他刚从省旅游局饭店管理处退休，这样的小测试，后来他在吴都也做过。

1994 年，我有幸参加国家旅游局在吴江宾馆举办的全国星评员培训，两年后我用结业证书换来了省级星评员聘书，此后一聘再聘，连续干了 20 年。零点服务是星级暗访的重要内容，在为星评生涯画句号前，我按照星评标准划定的明查及暗访项目，编写了五万多字的《旅游饭店服务技能和服务管理》，分解服务动作，列出规范要点、变化应对以及注意事项。力求使读者知其然，亦知其所以然。比如，餐盘下压口布的操作与口布铺放规范相差甚远，问其原因，餐厅主管乃至服务员很喜欢用“客人喜欢”来搪塞自己的无知或对服务的漠视，殊不知饭店服务的精髓在于“客人有要求的，按客人要求；客人无要求的，按规范操作。”服务规范，就是从业人员必须遵守的规矩，孟子曰：“不以规矩，不能成方圆。”

旅游饭店中餐不外乎零点、包厢和婚宴团餐三类，从消费者在同一饭店不同类型餐厅的就餐体验，或者餐厅服务员在不同餐厅的工作体验中，都能体会到十九大报告：“我国社会主要矛盾已经转化为人民日益增长的美好生活需要和不平衡不充分的发展之间的矛盾。”论述之绝妙。

《旅游饭店星级的划分与评定》标准对中餐厅、宴会单间或小宴会厅的要求仅限于四五星级。中餐厅是为住宿配套而接待零星散客，故亦称零点厅。零点厅餐桌台面一般较小，服务员没有理台撤盘预见力就会手忙脚乱；按单出菜，一锅一盘，厨房烹饪密度高，不如婚宴和包厢爽快；工作时间长，客人要求多，服务变数大……如果没有“一切历练皆财富”的心理，不断积累的负面情绪将在精疲力尽之际爆发，餐厅领班或主管的无情责备将成为压垮服务员心理的最后稻草。根牢果实、定力十足的服务员，在服务流畅性、协调执行力、语言沟通力等积聚到一定的时候，就会自带气质光环，人见人爱。当时在吴都零点厅默默无闻的那批人，后来均在餐饮管理岗位上有所成就。其他旅游饭店也同样为吴江社会餐饮输送了人才。

人对自然、对社会的了解以及判断，来自视觉、触觉、听觉、嗅觉、味觉，反复积累及慢慢悟思就形成了客观世界的镜像，五觉中重合的部分，或许就是区域文化。如见到的是园林元素，触摸到的是精致丝滑的实物，听到的是江南丝竹或评弹，闻到的是茉莉花或白兰花的清香，吃到嘴里的是软糯的食物，那么不管身在何处，第一判断就是苏式生活。企业以区域文化示人，此文化为顾客喜闻乐见者，则皆大欢喜。华为5G的案例告诉我们，先进文化具有不同凡响的话语权。何为先进？继承扬弃，超越当下。

自带流量的零点厅，必先在视觉上下功夫。一是环境氛围。《旅游饭店星级的划分与评定》（GB/T14308）每几年要修订一次，以适应形势。如中餐厅的要求，四星级“位置合理、格调优雅”五星级“装饰豪华、氛围浓郁”，营造优雅格调和浓郁氛围，需要中国元素和区域特色和睦融合。江南运河、太湖、评弹、金砖、缂丝、宋锦、明式家具、玉雕、吴门画、桃花坞年画、园林花窗等苏式元素均是零点厅软装的吸睛之物，可确定其中一二作主题，不可无序堆砌，名称也需与餐厅主题吻合。常被忽略的氛围格调，就是灯光。专业设计的灯光，可使客人进入环境后气定神闲，悠哉地聚焦菜品、享受美味。二是餐具。中餐餐具要成套配置，在完好程度方面，四星级要求“无破损，光洁、卫生”，五星级则是“材质高档，工艺精致，有特色，无破损磨痕，光洁、卫生”。三是菜单。自带粉丝的零点厅，肯定有一册个性十足的四季菜单。每季菜品含冷菜总数不能超过60道，采购到稀罕食材以及上市时间很短的食材，可采取餐厅门口张贴告示并请服务员口头推荐方式，双管齐下。当下，零点菜肴呈现三大趋势，对后厨而言是极大的挑战和考验。其一是迷你化。菜点以位上为主，推广节俭消费理念。其二是个性化。菜单标注主辅料名称、制法选择、辣度、糖度、卡路里，甚至按照客人要求烹饪等。其三是时尚化。菜点在口味、色泽、造型、餐具等方面符合当代审美，在某一点上独领风骚，引领时尚。菜单的功能性必须满足实用性，标准要求“出菜率不低于90%”，菜单上菜点超过100道的餐厅，很难平衡成本控制和出菜率。客人点了八个菜，厨房反馈其中一道已经脱销，那么出菜率为 87.5%。出菜率既是厨政考核的标尺，又是判断前后台协调性、服务员与客人沟通推荐能力的基线，假如前厅时刻掌握后厨备货情况，能在客人点单时规避脱销之菜，推荐替代菜品，出菜率就不会低于 90%。生意极好状态下，难免会遇到点单后无菜可出的情况。当时，吴都在餐厅里张榜，点菜后服务员反馈缺货的，结账时按总菜价每缺一菜优惠 4% 处理，算是对客人的补偿；四是菜肴色形。在老吃客的眼里，色形是菜肴的形式，味质才是菜肴的本质。但菜肴的色形往往又是吸引消费者的重要因素，在菜点本身色形俱佳的前提下，餐厅灯光能否为菜点加分，成为餐厅布光的主要考量。中餐菜式的色形需要亮度足够且柔和的光照来凸显，在分享成为时尚习惯的今天，不开闪光又能拍摄清晰的菜肴图片，是美食达人的基本诉求；五是服务人员的举止。传菜员、侍应生的个人卫生、精神面貌，点单的站位，上菜的位置，桌面残屑的处理，撤盘理台的条理性，与客人互动时的口吻、语音、语气、语调等等，均会成为客人是否再次光临的动因。

视觉之外，触觉、听觉、嗅觉和味觉等也是影响客人就餐舒适度的重要因素。触觉方面，室内温度和湿度的高低、空调风力强弱，地毯品质、地胶厚薄，桌椅高低、工艺，餐具及用具的分量手感等；听觉方面，和悦的背景音乐，没有厨房和空调噪音，就餐者在幽雅的环境中进餐，服务员之间不聊是非且做到三轻（说话、走路、操作）；嗅觉方面，空气清新程度，无异味（包括大多数人不喜欢的特殊食物气味），无厨房油烟溢出，食物已去除腥臊膻，辛香料使用得当、无药味；味觉方面，符合客人饮食习惯及预期。

梦里的零点厅，该出现衣着光鲜的厨师身影，具有操作观赏性且工艺不复杂的烹饪出现在零点厅，演一场不落幕的视听嗅盛宴，只怕客人会刷爆朋友圈。在用餐体验中，除了五觉，还应有更多应景的可以慰藉客人心灵的方式，如食俗。长寿面、元宵汤团、二月二撑腰糕、五月五端午粽、夏至拌面、中秋月饼、九月九重阳糕、冬至馄饨、过年八宝饭……又如推荐应季而又不在菜单上的美食，利用食材边角料烹饪外敬菜赠送给老吃客等。

梦里的零点厅，以特定的顾客为中心。“特定的顾客”是指能够接受和欣赏本餐厅五觉的“目标客户”，餐馆想让目标客户爽快地掏钱，必须持续了解和及时满足目标客户的诉求，一切工作流程、服务流程以及服务管理均应围绕特定的顾客设计、实施。大数据和经验都在告诉我们必须懂得以下七个道理：想讨好所有人的餐馆，往往门可罗雀。即餐馆的客户群层次越丰富，餐馆的个性越弱；对制作繁复、工艺考究的菜品限量供应，非预订吃不到，以确保品质；要让所有员工意识到服务也是菜品的一部分，没有服务的菜品是不完美的，服务的价值必须依借菜品而体现；要让客户感受到正在进行的服务虽然不是唯一的，但绝对是与众不同的；大众点评等第三方评台是顾客了解餐厅的重要窗口，经常检查一下菜品露脸的姿势，补上推荐菜的靓图，风趣幽默地回复客户的点评以及诉求，应该成为餐厅的日常功课；要让餐厅氛围及菜品在无声息中成为手机晒图主角，将零点厅变成时尚的社交场所；以顾客为中心设置和优化流程，不让客户在等待中浪费时间。快速响应客户需求，及时化解客户焦虑。顾客在零点厅等候第一道热菜的耐心是 15 分钟，超时出菜会严重影响客人就餐情绪，若旁桌后下单先上菜则客人可能会情绪失控而导致重大投诉。吴都当时的对策，是在零点厅挂了大屏的时钟，菜单上明确告知点单后 15 分钟内出热菜。倘若做不到，则客人按菜品总额六折结账，其余部分由前厅和厨房按责任买单。

需要声明的是，第一道热菜要快上，但上齐全部菜肴，一般应在 45 分钟左右，出菜太快是不礼貌的催促，传递给客人的信息是：快吃快走。

如果哪家餐厅夏天招厨师试菜，厨师烧了绝妙的樱桃肉，录不录用呢？苏州菜里的大肉已经演化到季，春季樱桃肉或酱汁肉，夏季荷叶粉蒸肉，秋季豇豆干或菜花头干扣肉，冬季酱方。这些肉在老苏州的眼里只属于各自的季节，要是随意跨季，就不是苏州菜了。因此，苏州菜谱里的菜，还需在合适的季节里呈现，苏州饮食不时不食的潜台词是四季分明、物产丰富。然不止于此，苏州文人参与了苏州菜的艺术加工，使得原本简单的事情变得有趣和复杂，本土餐馆还得坚守食俗、讲究应时。比如，苏州的大小餐馆会在春天推出樱桃肉或酱汁肉，整方肉表面被剞成网格，深及第二层肥肉，似樱桃整齐排列，红曲粉色透出致命诱惑的是樱桃肉。而整块方肉分成四方块，色泽枣红的就是酱汁肉，垫在肉下的绿叶蔬菜也必然是应季和最佳口感的。再比如，香椿就吃清明前后一周，青蚕豆就吃立夏前后一周。因此，在苏州做厨师，得紧绷季节这根弦。

零点厅的厨师要有一个合理的流动率，制作招牌菜的厨师要分 AB 角，以保持菜肴供应和品质的稳定。建立标准菜谱，将厨师的菜变成餐厅的菜，以免厨师撂摊子而招牌菜不得延续。

我的梦，会成真吗？

毛荣食谱探究

明万历六年(1578)三月十三日，张居正从京都出发回江陵(今湖北荆州)葬父，途经苏州，离开时留下一句话："自出都门至此始得一饱。"以内阁首辅身份尚"始得一饱"的，必口福无疑。北宋陶谷著《清异录》，谓天下有九福：京师钱福、眼福、病福、屏帷福，吴越口福，洛阳花福，蜀川药福，秦陇鞍马福，燕赵衣裳福。此吴越即之前的吴越国，范围相当于现今浙江省全境、江苏省东南部、上海市和福建省东北部一带。

张居正的"始得一饱"，持续引发了各省筵宴的吴馔高潮。《一斑录》记载，乾隆年间一位爱香艳多姬妾的中丞自京师赴任浙江巡抚，途经苏州，纳昭文县张墅村某女为妾，携赴浙署，宠冠诸姬。一日，开吴馔盛筵赏之，宠妾不为所动，诘之曰："欲似我张墅毛厨所治恐未逮也。"中丞问其详，答曰："妾家住江乡，春初鲀美，秋暮鸡肥，毛厨名荣字聚奎，烹饪独绝张墅与附近之梅林镇，重筵席者必致之，近墅郑氏有句曰'鲀来张墅全无毒，鸡到梅林别有香。'应可证也。"中丞奇之，立将荣物色到浙，荣一时名震西湖，后中丞不久罣误，荣归，名又重于乡里。

清代巡抚是仅次于总督的封疆大吏，同时还兼任都察院右副都御史一职，这个职务相当于汉代的"御史中丞"，所以被尊称为"中丞"；雍正四年析常熟东部设昭文县，二县分治但共用一个县城，民国元年(1912)

昭文复归常熟，张墅又属常熟；张墅，今属常熟市东张镇。本名为白茆墅，宋南渡时有张太尉标居之遂称白茆张家墅，至道光时，后人已只知张家墅而不知白茆墅了；梅李，最早因吴越国梅世忠、李开山二将军驻守而名，宋时已有称梅林者，乾隆年间山西兴县人康茂园调任昭文县时建有梅里书院，道光时称梅里，今为常熟梅李镇；罣误，因过失或牵连而受到处分。

乾隆年间共有26位浙江巡抚，任上枉法者有三人，爱香艳多姬妾者唯王亶望是也。王亶望自乾隆四十二年（1777）任浙江巡抚，至四十五年三月壬辰其任甘肃布政使时"监粮改捐银、冒赈贪污"事发，于乾隆四十六年伏法。

毛荣在中丞府上献艺三年，幸中丞僚属有好事者就询于毛荣厨艺，编成《毛荣食谱》一卷，毛荣归乡时带回抄本，琴川（常熟别称）郑光祖在毛荣侄孙毛观大处觅得《毛荣食谱》，一直压箱底，道光二年（1822）始撰《一斑录》，道光乙巳（1845）其70岁时书成刊印。只可惜，他在"名厨佳制"条目下仅摘录《毛荣食谱》末后杂馔部分菜肴，分别为茯苓鸡、鸡糊涂、鸭糊涂、羊眼馔、羊脚馔、冻羊膏、汤鳗、汤鲤、乌骰、干刺蠡鹰、面筋干、八宝豆腐、爊锅方、糖蹄方。现今《毛荣食谱》已经散佚，无法窥得食谱全貌。1978年，台湾新文丰出版公司发行《瓶笙花影录》，作者郑逸梅光绪二十一年（1895）出生于苏州，父早殁，改母姓，随外祖父生活，经历坎坷，著述颇丰。《瓶笙花影录》共上下二卷，卷上"毛荣食谱"记述友人杨仲回有《毛荣食谱》副本，且为蟫残鼠啮之余，仅留数页。于是，录"冻羊膏、汤鳗、汤鲤、干刺蠡鹰、茯苓鸡、鸭糊涂、羊眼馔、羊脚馔、面筋干、八宝豆腐、爊锅方、糖蹄方"存之"以便知味者之所取也"。两相比较，郑逸梅少录"汤鲤"及"乌骰"。《毛荣菜谱》存世只有十四道菜肴的基本做法，殊为可惜。

没有好事者的询问记录，后人便无法想象毛荣当年如何名震西湖，更不会有《毛荣食谱》。没有常熟人郑光祖和苏州人郑逸梅，《毛荣食谱》不会起死回生，虽然永远也到不了理想的境地。这一切的一切，就因为“毛荣是令家乡骄傲的人”，因为“吴中所嗜”是时尚饮食的代名词。

职业厨师，得多与靠谱的文化人交朋友啊。

全科厨艺

你一定听说过全科医生、万能工而不知全科厨艺。科，指学术或专业的类别；艺即才能、技能。全科厨艺，就是全部的厨师专业技能，掌握了“全科厨艺”的厨师则是“全科厨师”。当然，这也可用“全能”或“万能”，就怕笼统了水分大，变“熊”就不好玩了。

传统厨房分与米面打交道的白案以及白案之外的红案，红白案均通的厨师堪称大家。江南厨王吴涌根大师曾说过：“厨师长是要全能的，例如烧菜、配菜、冷盘、点心，样样要精，才能升做厨师长。”美食家陆文夫为吴涌根《新潮苏式菜点三百例》一书作序，言：“他的创新是建立在丰富的经验，扎实操作的基本功之上的。他把挖掘濒临失传的品种，恢复那种被走了样的做法，都是当作创新来对待的，所以他能使食客在口福上常有一种新的体验，有一种从未吃过但又似曾相识的感觉。从未吃过就是创新，似曾相识就是不离开传统。”该书所集菜式真乃古今、中西、菜点融会贯通。严谨治菜以及菜点的艺术化呈现与他特殊的经历以及常年任职旅游涉外饭店总厨密切相关，若吃透该书则可举一反三、新潮菜点不断了。

我手中有上世纪70年代出版的《中国菜谱》山东、上海、江苏、浙江、安徽、广东以及四川分册，菜谱最后都有“附注”，简介特殊食材、调味料及加工方法。厨艺传承千百年大多是言传身教，有一些特殊的技法或窍门因来不及传承而消失，那些身怀绝技的全科厨师可能没有遇上合适的舞台或传人而感叹英雄无用武之地。曾听说有多位厨界高人因没有遇上有缘人而宁可将本事带进棺材，就怕徒弟学艺不精而败坏师门名声。天下中厨门派众多，各门各派都有绝技，掌门人手中一定有本门秘传的法宝。而对于没有师徒传承的人而言，可能因不知“附注”或无法寻得一味调味料而放弃一道菜，比如传统的苏州醉蟹需“馥贞酒”（亦有写福珍或馥珍者），此酒为花雕入糖、橘皮自制。姜啸波说有一位上海老吃客讨得一只红烧菜的做法，回沪后欲复原此菜却总觉得差一口气，疑老镇源隐了诀窍，遂与姜逐条确认发现错在烹饪用酒。岂止是酒，菜谱上原辅料的预处理、调味料的配比、下锅的次序、用不用锅盖等都细微地决定着菜品的风味。

大多数来餐馆吃饭的人，对食物的评判是以平日家里的口味为参照的。世人常常说外婆做的菜如何如何地好，妈妈烧的饭是怎么怎么地香，其实都是中馈者知食者之欲而尽力满足的爱心使然，做菜时没有好的心境便不会有可口的饭菜。我陪人吃饭时听不得“这菜不如我妈妈做得好”，家庭烹饪大都是因爱子女而生家务情趣，外婆或妈妈并无半分报酬，专业的被业余的完败，真为厨师汗颜。绝对的，厨师在阴沟里翻船主要是不用心，但也不排除真的技不如人。

一般而言，外婆或妈妈做菜属于武道功夫中的“一招鲜”，毕竟家庭烹饪没有餐馆那么多的名堂和讲究，若厨师从小没有吃过值得骄傲的外婆菜或妈妈菜，学厨时又只模仿招式而不练内功，难免落败。

苏州城里很多餐馆以松鼠桂鱼和清炒虾仁为招牌，为保持菜肴出品的稳定，厨师数十年专烧一两个菜是常有的事，日复一日满足于现状则精于一菜。若虚心师人之长，然后可触类旁通，此谓“艺多不压身”是也。

从前苏帮菜馆使用小锅小灶，上世纪 90 年代受粤厨影响变成了大锅大灶，炉灶师傅非大力者或年轻人不可为。再后来炉灶师傅有了帮手，工作内容按其本事分配，从补充调料、葱姜蒜料头到搬运菜肴原料、腌渍、上浆、挂糊、准备菜盘、雕刻盘饰乃至制作高汤等，美其名曰“打荷”。老苏州厨房中与“打荷”对应的是“排菜”，徐鹤峰大师回忆1966年在石家饭店进修时，午晚餐开始前由一位老阿姨担当“排菜”任务。拎得清的排菜员能做到四点：一是平衡每单的出菜速度，避免上菜过急或客人催菜；二是看有没有费工夫的菜，安排耐火菜先烧；三是将几张点单中相同的菜排一起，同锅炒节省时间；四是掌控味精的使用，哪些菜放味精由她舀。排菜员是兼职的，排菜前后她另有工作，大师调南京工作后，发现南京饭店和丁山宾馆等都有排菜岗位。“打荷”和“排菜”虽名称各异，但工作类似而侧重不同，粤式的“打荷”是炉灶的帮手，而苏式的“排菜”是切配的延伸。

灶台师傅将菜装入作台上的餐盘，谁端出去？从前跑堂会直接进厨房端菜，菜馆发达后上菜距离长了，跑堂不可能再楼上楼下餐厅厨房跑，于是跑堂一职变成了“传菜”及“服务”两个岗位。较大规模的厨房内配多位跑菜员，负责将作台上的菜端到厨房与餐厅交界处的出菜落台，由传菜员再送至餐厅，这样可避免将油腻踏出厨房。如传菜员到餐厅时服务员已经整理出相应台面，则直接在餐桌边请服务员在托盘中取。如服务员还没有整理出台面，就放在接手桌（落台）上。

成为全科厨师需要经过哪些单科历练呢？全科厨艺覆盖了食材进厨房到食物出厨房的全供应链，全供应链是指包括所有长短不一的供应链的集合。而单科厨艺则是众多供应链上不可或缺的独立模块。大致有验货、贮存、拆卸、水台、洗择、涨发、腌腊、预熟、雕刻、冷拼、生食、切配、面点、制馅、制汤、制缔、着衣、致嫩、着色、调味、排菜、炉灶、蒸笼、熏烧等。

- 验货：厨房第一关，识别动植物食材性质及品种选择。
- 贮存：较短时间内干鲜食材、油料及调味料的低温（冷藏、冷冻）

或常温贮存等。

• 拆卸：禽类宰杀，猪牛羊肉等拆卸去骨、分档取料等。

• 水台：宰杀水生动物。如开鳝背、划鳝丝等。

• 洗择：蔬菜、水果包括蛋类等择菜洗涤。

• 涨发：蹄筋、肉皮、鱼肚、干贝、海参、干鲍、墨鱼蛋的涨发以及海蜇头、冬菇、发菜、羊肚菌、哈士蟆油、猴头菇、白果、裙边等的水发等。

• 腌腊：腌，将动植物原料通过盐、糟、酒、酱等方式腌制加工。腊是指腌制风干后再熏的方式。腌腊的基本条件是有充足且防雨的天然晒场。

• 预熟：食材预熟有固色、矫味、定型等功用，按原料特性处理，有焯水、水煮、过油、走红及汽蒸等工艺。

• 雕刻：以果蔬为原料的食品雕刻。依据其用途，分点缀菜肴的盘饰、盛装菜肴的器皿（如苏州西瓜鸡、蟹酿橙）以及餐桌或餐厅展台的主题装饰等。

• 冷拼：冷制冷食和热制冷食菜肴的制作及拼摆成形。单一菜肴的多种原辅料和调味料在味、质、色、形等方面的最佳组合。象形拼盘及围碟，以及不同味、质、色、形菜肴在宴席上的完美呈现。

• 生食：在专间操作直接食用的食物。

• 切配：将动植物原料切割成块、段、片、条、丝、丁、粒、末等形状，或剞花刀等。在江浙菜系中，砧板兼组配是菜肴成本控制的核心。现代厨房将最佳组配融合进标准菜谱，成本预先得到控制。

• 面点：面食与点心的总称。按面坯的特性可分为水调、发酵、层酥等面粉类有馅或无馅的面粉制品，生粉、熟粉团类及黏质、松质糕类米粉制品等。

• 制馅：生拌类咸馅，糖油馅、果仁蜜饯馅、泥蓉馅、鲜果花卉馅、糖油蛋（糠）馅等熟甜馅。

• 制汤：基础汤、毛汤、清汤、奶汤、浓汤。

• 制缔：缔亦称茸或泥。肉禽鱼虾等动物性以及豆腐、土豆、山药等植物性原料均可制缔。

• 着衣：上浆（水粉浆、全蛋浆），挂糊（软质糊、脆皮糊、松质糊、酥质糊），拍粉（干拍粉、上浆拍粉），着芡（包芡、糊芡、流芡、羹芡）。

• 致嫩：提升触觉（口感）体验，分生物致嫩和机械致嫩等。

• 着色：利用食材自然调色。

• 调味：提升菜品的味觉与嗅觉体验，分单一味及复合味等。

• 排菜：确保厨房出菜有序，客人先点先吃。

• 炉灶：利用水、汽、油、电磁以及热辐射等导热手段，对食材煮、氽、烧、炸、炒、烩、焖、熘、爆、煎、拔丝、蜜汁、扒、煨、炖、贴、塌等制熟。

• 蒸笼：负责菜肴、面点、米饭等的蒸制，调制蒸制调味料。

• 熏烧：熏、烤、焗等制熟。

验货、贮存、拆卸、水台、洗择、涨发、腌腊、预熟在一般操作区，雕刻、冷拼、生食在清洁操作区，切配、面点、制馅、制汤、制缔、着衣、致嫩、着色、调味、排菜、炉灶、蒸笼、熏烧在准清洁操作区。

现代厨房要避免小而全，冷菜专间可将热制冷食的原料制熟交由炉灶、蒸笼或熏烧，如此冷菜师傅不必是掌握全套制熟工艺的大师傅，相对可节省一些成本；再有，需要冷水锅定型、矫味预熟的肉禽类原料加工，可由粗加工间负责，节省炉灶处理时间等。

以每一个单科为小目标逐个达成，全科厨艺之光就会照进你的生活。

苏州红烧菜密码

红烧是二十多种烧法的一种，也是最为常见的烹饪方法，我更愿意将之称作学厨的入门技法。烧乃“先将主料进行一次或两次以上的热处理，加入调料，再用火力烧熟的烹调方法”(《中国烹饪辞典》)。热处理多见煎、炸、煮、煸、炒、汆、蒸等，亦可兼而用之。比如红烧老鹅，冷水预熟矫味、定型，再剁切成漂亮形状，而后急火煸炒，烹酒、调味，文火焖……；调料即调味品，因地域及饮食习惯而呈现不同种类。传统苏式烹饪调料，仅绍酒、酱油、糖、盐、醋而已；“千滚不如一焖”乃火力运用真谛。老一辈的苏州厨师以不急不慢烹饪心理，旺火急烹之后的炖焖煨焐技法烹调肴馔，为知味者所喜。

苏州传统烹饪惯用熟猪油，菜油、花生油、麻油、鸡油等均为辅助用油。菜油主要用作炸制需金黄色效果的食物，如熏鱼、走油肉等，亦用来熬制蕈油和笋油等；炒素用花生油；为数不少的苏州经典菜肴，成菜后以麻油或鸡油浇淋提香，麻油香气浓郁，鸡油香味清雅，故鸡油多用于燕菜、清汤鱼翅、鸽蛋等清虚妙物。清才子李渔著《闲情偶寄》，言：“陆之蕈，水之莼，皆清虚妙物也。”麻油和菜油不与熟猪油见外，苏州菜馆里绝大多数的红烧菜是飘着芝麻香上桌的。鸡油与菜油不合，鸡油与熟猪油近八成不和。鸡油亮相麻油退避，很少例外。

苏州红烧菜，主料选脂肪含量较高者，如青鱼、猪五花硬肋、鲥鱼、鳊鱼；而脂肪含量相对较少者，如鲃鱼、甲鱼、裙边等则以带皮肥膘或五花肉伴烧。农村沐园堂乡厨红烧河鳗，在鳗鱼段中嵌入猪板油丁，获求肥腴口感。肥而不腻的诀窍，一是用足够的炆焖时间，让饱和脂肪酸转化为不饱和脂肪酸；二是把握量变与质变的度，比如红烧大件猪肉就不须再用熟猪油。红烧苏州菜离不开绍酒、酱油和糖。绍酒是绍兴黄酒的简称，黄酒的家族很大，绍兴黄酒是其中的佼佼者，分别为干型元红、半干加饭、半甜善酿和甜型香雪四类，考究菜馆常用的花雕酒属于半干型加饭黄酒，加饭酒酒精度为15%左右，含糖量每升15.1—40.0克。酿制工艺包含糯米浸泡16—20天、蒸饭、摊饭冷却至60—70℃、三浆四水与饭落缸、糖化发酵、压榨澄清、煎酒陈化等工艺，绍酒的陈化是一个十分重要的过程，用内外釉面完好之陶质酒坛，尽管坛口有泥封，但微小的酒分子还是会想法子在酒坛周围形成气候，坛装绍酒的陈化过程在阴凉、通风、干燥的仓库中完成，好酒陈化得当，酒质醇厚，气郁芳香。虽然“黄酒”包括绍酒，但在菜谱中标注“黄酒”，会给菜肴的传播及传承带来不确定性。上世纪八九十年代出版的《杭州菜谱》《中国苏州菜》和《中国扬州菜》菜谱，均标注绍酒。成品绍酒由不同年份及类型的酒勾兑而成，如三年陈的花雕，所用三年以上的基酒必须大于50%，其余部分基酒的加权平均数不小于三年。绍酒含有氨基酸、糖、醋、有机酸和多种维生素等，是烹调不可缺少的风味来源。我想说，三年以上的陈酿才配得上苏帮菜。

红烧菜上色以酱油、糖色或红曲为常见。炒糖色通常以水作媒介，白糖、冰糖或其他晶体糖不断受热而发生融化，继而产生褐变现象，褐变的过程取决于温度和水糖比例，糖颗粒初步融化时为白色，渐次显现白色大泡、浅黄色小泡、大黄泡以及枣红色，对应的烹饪手法则为糖稀、挂霜、琉璃、拔丝和糖色。糖稀状如蜂蜜，亦有蜜汁雅称；将制熟的食物倒入白色大泡，离火裹匀即成糖霜；呈浅黄色小泡时用来制作拔丝菜，有一回上海食文化研究会周怀荣大师在同里湖度假村辅导同里滋味经典菜，表演了一个拔丝五米的绝技，叹为观止。此时放入食物裹匀，冷却后就是包裹着琥珀色糖壳的琉璃菜，典型如北方之糖葫芦；出现大黄泡时注入沸水熬制5分钟，可得色如生抽，略带甜味，有焦糖香的“嫩汁”；呈枣红色时注沸水熬制得糖色，此时糖因焦化而失去甜味，色如老抽，焦糖香比嫩汁浓郁。

苏州红烧菜约定俗成的颜色，因食材而不同，如红烧肉的皮及瘦肉枣红为上，脂肪以琥珀为佳；红烧羊肉为通体枣红；浅色鱼类如红烧白鱼求琥珀色，深色鱼类如青鱼头尾则为枣红色。厨师上色普遍用酱油或红曲，或二者混用，绝少用糖色。是糖色不易达到所需的色相明度吗？非。苏州人对酿造酱油的喜好与生俱来，晒足了时日的秋油可令老饕一嗅再嗅，酱油所含的多种氨基酸又是不可多得的增鲜物质。生抽老抽的称呼是从南方传过来的，从前苏州酱油只讲赤酱油白酱油。白酱油亦称鲜酱油，常调作蘸料或冷菜调味之用；乡人称赤酱油为红酱油，其色红褐亮泽，且又是厨房调味主流，故简称酱油。赤酱油的红褐色比老抽亮泽，咸味比生抽略淡。清温病学家王士雄撰《随息居饮食谱·酱》言：“篘油则豆酱为宜，日晒三伏，晴则夜露。深秋第一篘者胜，名秋油，即母油。”篘，竹编的直筒篓子，将其下部压入酱中，酱油渗出，舀出后布袋吊滤，可得纯净秋油。苏州船菜“母油鸭”，单菜需用150克上好秋油。酱缸抽取秋油后，再下盐水，晒成二油。白酱油则有可能是三油。

樱桃肉是苏州厨师善用红曲水的代表，红曲古称丹曲，具有健脾胃和活血功能。遇蛋白质时有很强的着色力，依《食品添加剂使用标准》（GB2760-2014），红曲米、红曲红可“按生产需要适量使用”。建议在染色前先将肉类冷水预熟，红曲粉或可用绍酒调成稀糊，再用沸水稀释成红曲水。

易与红烧混淆的为焖，有用酱油或糖色的红焖，有用酱油较少、菜色浅黄的黄焖。通常认为焖需使用陶质带盖砂锅，用火比红烧更弱，弱至为没有火焰的微火，不强调收稠及勾芡。上世纪出版的苏州菜谱，存有黄焖熊掌、黄焖鳗、黄焖着甲、栗子黄焖鸡等菜，按照当下的情形，唯黄焖鳗、栗子黄焖鸡可解老饕之馋。在苏州，按红烧技法，减少酱油使用以及增加菜油或鸡油，成菜色泽浅黄，可冠以黄焖。如黄焖鳗以红曲色替代部分酱油色，再用菜油增强黄色；栗子黄焖鸡则借助“肥鸡”本色和自然鸡油成色。未经葱姜熬熟的菜油烹饪时烟雾大，且有菜籽气味，会冲抵食物香味。

苏州红烧菜有着严格的操作步骤：热处理后，加酒焖透，然后入酱油、汤、盐、糖，急火烧沸，文火焖烧，旺火收稠，勾芡淋油。如不喜欢使用酱油，也可用事先熬制的焦糖汁着色，现炒糖色会逆了苏州红烧菜先绍酒去腥再上色的步骤。

红烧菜有“甜上口，咸收口”的鲜味变化，盐先于糖接触食物才能达到此目的，烹饪时动物蛋白中的氨基酸、肽、核苷酸和琥珀酸等通过咸味产生鲜味物质，在点火前对食材进行郁、暴腌或腌处理，以免菜肴成熟后内外咸淡不均。苏州话之“郁”，文字为“淪”，《说文》：“淪，渍也。”即将滋味浸渍进食材的意思，淪另有“以汤煮物”之意。淪，用时较短，烹饪前略用绍酒、少量盐或酱油抹原料，一般在 2 小时内。如红烧鲥鱼、红烧大鳊鱼均需绍酒和酱油；暴腌比淪用时长、用盐多。如青鱼煎糟需用 5% 盐擦匀，放置 6—8 小时；比暴腌更甚者，为腌制，如酱方用 8% 盐腌重物压 1—2 天。无论选择何种方式给底味，均需把握环境温度，防止食物腐败变质。

苏州红烧菜只只含糖，用糖量 5% 至 7% 不等，以白糖为主，绵白糖、冰糖、冰糖屑以及糖猪油丁也各有用处。通常用冰糖可使皮质光亮，如红烧鼋边、香菜肉、松子东坡、鳗鱼等，香菜肉取自清代苏州人顾禄所著《桐桥倚棹录》，是苏式红烧肉的代表，带皮五花肉配干菜，以扣菜方式出现，2.4 厘米见方整齐排列的肉皮为视觉中心，麻油随卤汁浇淋表面，煞是诱人；热处理后需换砂锅再焖的菜，则用绵白糖和冰糖屑，如酒焖元蹄、酒焖肉等，为抵消绍酒量大带来的苦涩，用糖量也较大；烹饪时间极短的菜肴，宜用绵白糖，如响油鳝糊。红烧菜需将卤汁收稠，荤腥菜经长时间煨焖，蛋白质中析出胶原蛋白，此时烹饪高手会不停地将汤汁反复浇淋在食物表面，卤汁越收越稠，看上去如同着芡一般，业界称之为“自来芡”，自来芡包裹食物的红烧菜才有可能成为极品。退而求其次，则为勾芡。依赖淀粉遇热吸水膨胀原理，收稠锅中的卤汁。芡汁从厚到薄排序，有包芡、糊芡、流芡和羹芡，红烧菜应用流芡，建议水淀粉浓度为 20，即淀粉与水一比四。勾芡可将汁液锁在食物表面，达到滋味、温度和菜色的统一，根本目的是为了口感滑爽。一般而言，红烧水产品需勾芡；红烧肉禽放冰糖者不勾芡；菜肴配有辅料则不必勾芡。

苏州烹饪因讲究“加酒焖透”而在长江三角洲城市群乃至更大的范围中独树一帜。“加酒”的前提是食材刚完成热处理至熟，此时锅烫油烫，左手已握锅盖，右手持绍酒瓶绕食物浇淋在锅壁上，即刻关盖“焖”。视食材种类、数量多寡及块形厚薄，灵活掌握。如红烧鲥鱼为略煎即“加酒焖透”；青鱼头尾为放入葱段、姜末、酒，“加盖焖一下”；响油鳝糊为鳝炒透，加入绍酒“加盖略焖”。我们闻到的鱼腥，化学名为“三甲胺”，三甲胺溶于水和乙醇，先溶于水就无法挥发，先溶于酒精则可事半功倍。加酒后随即关盖，锅壁的高温使绍酒在狭小的空间内雾化，三甲胺以及动物性原料中的其他异味物质溶于乙醇并随着开锅盖而逃遁。绍酒既可除腥去异味，亦可增香。苏州红烧菜烹鱼绍酒用量平均 12%，烧肉用酒平均 6%。苏州菜谱中水产品占 35% 以上，“加酒焖透”是苏州厨师长期经验积累和总结。加酒过程惊险刺激，如果关盖不及时，炉火会被引入锅中。有一年冬天，我按徐鹤峰大师烧青鱼头尾四分半钟的方法，在家里仿制，关盖动作慢了一拍，右手手背险被灼伤。

红烧菜的色泽较难把握，原料在加热过程中会发生褐变，褐变的过程称为羰氨反应或美拉德反应。褐变速度跟温度和时间正相关，即温度越高、时间越久，颜色就越深。食物颜色发生褐变的同时，也产生多种挥发性气体。炒糖色、熬猪油都是厨师日常经历，恰到好处的焦香味，是食物的特殊风味，也是游子的乡愁，如带鱼煎至金黄略焦，煎淡水鱼要表皮略焦等。

近 30 年来，城市生活节奏不断加快，苏州人和新苏州人的交融，行业内烹饪技艺的交流等都在深刻地影响着苏州红烧菜。比如红烧鱼的微辣口味，使日常饮食的味型有了起伏；牛肉进入了菜馆的采购清单，丰富了红烧菜的品种；烤箱的应用，使得某些红烧菜的气味更浓郁；不重视锅盖的使用，绍酒的去腥作用不能得到最大发挥，苏州独有的“加酒焖透”技法奄奄一息；“炆焖”随炭墼地龙消失，食物虽亦酥烂，风味不如从前……而最为隐性的变化，在于绝大多数餐馆安装了只有青壮年才能适应的广式大灶，间接缩短了厨师的职业寿命。

苏州红烧是一种烹饪技法，也是独具一格的苏式记忆。

守正创新腌笃鲜

相信有很多人吃过以兰州甘甜百合为主料的“焗百合”，此百合口感软糯回味甘甜，但我对溢出的蒜香却不以为然。为何？世间食物以本味为尊，百合本是清虚之物，何需荤辛相伴？！张家港烹饪技术协会的彬彬秘书长说此菜他徒弟垫以甘蔗，赋蔗糖香味与百合，不违和。

就食物而言，守正创新的“正”就是本味，就是根本，丢了根本的创新还能称创新乎？扯淡罢了。抖音上有人用冬笋、家乡肉和新鲜肋排做腌笃鲜，不禁感叹其“艺高人胆大”。物欲时代先亮相的总能占先，比如江南人“九雌十雄”的信念正在淡化，我很纳闷中秋前的螃蟹有螃蟹味吗？并不是说冬笋绝对不可以入腌笃鲜，食者讲究的时令美食除了要在食材最丰腴的时候食用，还要讲究春生夏长秋收冬藏。春天是生发的季节，破土而出之笋才有春的气息。土中冬眠的笋硬被挖出，味性内敛，且价格倍高于春笋，笃汤纯属浪费。

腌笃鲜之“鲜”字有“时新”和“味美”两层意思。苏州人惯于尝新，而时令之鲜是稍纵即逝，比如香椿头，就在清明前后七八天吃最香，家常切细拌皮蛋豆腐，味正；味美则由食材和厨艺所决定，荤素食材之外只用清水及盐，长时间焖笃下食材之间的滋味融合，达到无可匹敌的境界。

腌笃鲜的守正，守的是咸鲜本味之正。腌笃鲜由春笋、咸荤和鲜荤组成。传统的咸鲜本味来自咸肉、鲜肉和春笋。咸肉选生猪五花硬肋，生咸肉表面有盐风结晶且整块板结不疲软。江南民俗“大雪腌肉”，腌透风干没两月不好吃；鲜猪肉依个人喜好而定，爱吃肥肉的我选皮薄的五花硬肋；在物流不很方便的苏州农村，春笋即自家竹园里破土而出的土圆笋。然本地土质终究不敌安吉山里，土圆笋微苦涩而甘香不够，故选安吉黄泥拱毛笋是上上策。

很厉害的乾隆朝才子袁枚写了一本《随园食单》而被敬为“食圣”，按照当下的说法，食圣应该是美食家中的集大成者。200年前李光庭在《乡言解颐》中言：“《随园食单》内各条，俱有可取，而其颠扑不破之语，则惟‘有味者使之出，无味者使之入’两言，唤醒耳食目食者不少。”有味和无味针对的都是食材本身，大棚蔬菜不讨人喜欢的最大原因就是本身味淡，食材的滋味因生长周期的不同而分浓淡，嫩而有味才是吃客期待的好东西，这也是苏州人喜欢尝新的核心理由，比如初春时的荠菜、菜苋、头刀韭菜等。腌笃鲜三种食材各有滋味，炖在一起融合而出的味道很春天。

腌笃鲜的创新，创的是食材更替之新。除了春笋，咸肉和鲜肉皆可替代。腌笃鲜是清汤功夫菜，要坚守“出味不掉色”原则，出味不掉色的咸荤及鲜荤食材，如咸肉、咸猪爪、鸡、鸭、鹅、鸽子、火腿、风肉、虾滑、鱼丸、炸制的肉皮等。咸荤和鲜荤既可选同类：如咸猪肉和鲜猪肉，咸鸡和鲜鸡等。也可以选跨类：火腿和草鸡，咸鸡和鲜肉，咸鸡和桂鱼等。吴江宾馆春季版江南运河宴中有春笋、去骨咸鸡、桂鱼柳块、鱼圆、咸肉及木耳为原料的运河腌笃鲜；出味不掉色的素食材，除了春笋还有豆制品百叶等，不过百叶的豆腥味较浓且久笃易烂，需另锅沸水焯过三遍。而一些“不出味不掉色”的食材，如鸽蛋、鸡蛋、鹌鹑蛋，海参、鲍鱼、黑木耳等只能作为辅材。至于“出味掉色”的食材，是万万不可入汤的，诸如莴笋、枸杞、菜心、菜梗等要避而远之。好汤一旦加入出味掉色之食材，便前攻尽弃。

与厨师教学相长可以学着周瘦鹃或陆文夫“吃厨师”，而“培养吃客”可以让更多的人在吃的学问上不苟且会挑刺，经常被吃客挑刺的厨师难道还会我行我素不怕被炒了鱿鱼？功夫到家的吃客，必能从菜品的道地与否窥探出厨师做菜时的状态。吃客如遇腌笃鲜需把握如下三点：

第一，汤色清。整料荤性食材均需经过冷水预熟，预熟的目的，一是定型去血沫。二是矫味，可激发食物的本味去除异味。三是去嘌呤。将整料食材不改刀放入冷水锅，放葱结、姜片、绍酒，煮开，再烧5-8分钟，取出温水洗净再改刀。另取冷水锅，下食材煮沸后小火笃。笃，是一种状态，笃定，慢悠悠。笃的时候汤面是沸而不腾的，故浓汤的腌笃鲜不姓苏。

第二，汤面有油衣，砂锅保温极佳。咸肉及鲜肉的油腻已经析出，肥而不腻。

第三，不添加任何破坏汤味的食材，如百叶、莴笋、枸杞、白菜、青菜、菌菇等。

腌笃鲜用水一般不超过食材重量的一点五倍，但要淹没主料。不可中途加水，不可中途撤火，不可反复揭盖。如非整料慢笃，则应估算各种食材的出味时间，如鱼丸、肉皮等不能久笃之物应在腌笃鲜离火前稍炖。

上好的汤都应是倒计时上桌的，否则对不起这“笃”字。

《食品集》与苏州饮食

上古时期，巫医一体。周代，巫、医开始分家。据《周礼·天官》记载，东周时已设有医疗卫生机构，医生有了专业分工，并具有一套相应的管理措施。周朝设医师、食医、疾医、疡医和兽医。

医师，掌握医疗方面的政令，采集药材供医疗之用，导医以及对专科医生（疾医和疡医）进行考核。东周时不管是内科（疾医）还是外科（疡医），治病疗伤之外，均强调以食治调养，此乃中医"上工治未病"之精髓，惜今少有矣。

食医，在食物的温度、调味以及肉食和主食的搭配等方面掌管天子的饮食。温度讲究饭类食品温、羹类食品热、酱类食品凉、饮料之类寒。调味注重春天酸味重一点、夏天苦味重一点、秋天辛味重一点、冬天咸味重一点，春夏秋冬都要"调以滑甘"（粉芡汤及蔬菜之滑，枣栗饴蜜之甘）。

疾医，掌管治疗万民的内科疾病以及辅助食治。

疡医，生疮之人的外科处理以及食治调养。

兽医，掌疗兽病、疗兽疡，疡为疮、痈、疽、疖等的通称。

明洪武三年（1370）始，州县设官医（从九品），"凡军民之贫病者给之医药"。明嘉靖十六年（1537），吴禄辑撰《食品集》问世，嘉靖丙辰年（1556）第二次刊印。吴禄，江西进贤人，明代正德年间为吴江县医学训科候缺，嘉靖时正式担任吴江县医学训科，负责地方医学兼行政、教育，于嘉靖二十四年(1545)卸任。

《食品集》属食疗本草专著，上下二卷收录谷、果、菜、兽、禽、虫鱼、水等七部，全书收载食物347种，以每种食物的正名(别称)，性味、主治、宜忌、作法、功效等格式记录，间或载有形态、生境、食俗、前贤论述等。卷末附录收载五味所补、五味所伤、五味所走、五脏所禁、五脏所忌、五味所宜、五谷以养五脏、五果以助五脏、五畜以益五脏、五菜以充五脏、食物所反、服药忌食、妊娠忌食、诸兽毒、诸鸟毒、诸鱼毒、诸果毒、解诸毒等18则与食物相关的药性理论。

《食品集》集合了秦至东汉成书的《黄帝内经》、元代忽思慧《饮膳正要》以及明代苏州人薛己(1487—1559)《食物本草》等医学典籍精华，如“五味所伤”内容取自《黄帝内经》“味过于酸，肝气以津，脾气乃绝；味过于咸，大骨气劳，短肌，心气抑；味过于甘，心气喘满，色黑，肾气不衡；味过于苦，脾气不濡，胃气乃厚；味过于辛，筋脉沮弛，精神乃央。”从中也可窥知苏州菜为何五味调和，尊崇本味。又“五味所走”实乃《黄帝内经》之五味所禁，凡此等等。

《食品集》对于苏州饮食的价值，在于其走医学生活化之路，是医学大众化、实用化的普及教材。如谷部“糯米味苦甘气温无毒主温中令人多热大便坚不可多食。”如苏州厨师喜用的红曲“味辛甘平无毒健脾益气温中腌鱼肉内用”等，是日常饮食养生指南。

吴禄感受到的吴郡风土与当下并无大异，古代读书人对医学知识之积累远胜于今，北宋名臣范仲淹是吴郡吴县人，他“不为良相，便为良医”的人生理想令有抱负的读书人向往。苏州饮食不是不管三七二十一的存在，饮食养生之引经据典，多少也体现了苏州文化的精致，《食品集》只是投向生活海洋的一颗石子，只盼激起的涟漪能与会意者共鸣。

苏式筵席

在没有桌椅板凳之前，地面上铺一层叫筵的竹席，一众人等席地围坐，谈天说地论人。到了饭点，居中再铺一张细篾竹席，摆上炊饮具和食品，就成了筵席。筵席是大众称谓，略为讲究并注重礼节和仪式的筵席，称之为宴。

一般人印象中的宴，可能像清代《桐桥倚棹录》中的苏州虎丘三山馆那样："盆碟则十二、十六之分，统谓'围仙'。"180年前那么多菜围于八仙桌上，足以让赴宴者食指大动了。戊戌冬月和己亥仲夏，吴江宾馆在徐鹤峰大师指导下，分别推出四六四宴和三四席。琳琅满目的美味佳肴，令四方来宾目不暇接，不忍下箸。媒体编导们更是对传统筵席的规格产生了浓厚的兴趣。

40年前苏州城里的热门筵席又是怎样的规格呢？网购苏州市饮食服务公司于1982年编印的《苏州市饮食业价格汇编》，得知有四种筵席，分别称大四六四、四六四、大三四以及小三四。三四是指冷菜、热炒和汤、大菜三类数量均为四。当时，做同样规格和成本的筵席，其售价依菜馆等级的不同而有所差异，价格级差为100%、84.9%、72.64%、56.6%。比如占苏州菜馆11%强的松鹤楼菜馆、新聚丰菜馆、得月楼菜馆和义昌福菜馆等甲级店，售价比乙级店高一至两元，比丙级店高两至四元。

筵席结构主要为冷菜、热炒和汤、大菜。四六四为四三拼、四热炒二汤、四大菜、一道点心；大四六四为四三拼、五热炒一汤、四大菜、两道点心；大三四为四三拼、三热炒一汤、四大菜、一道点心；小三四为四双拼、三热炒一汤、四大菜、无点心。

所谓四三拼，即12样食品分装四盘，每盘装三个品种。大四六四和四六四为火腿、白鸡、酱鸭、肴肉、肉松、皮蛋、拆烧、熏鱼、油爆虾、士件、素料两只；大三四为酱鸭、白鸡、肴肉、熏鱼、肉松、皮蛋、卤肝、白肚、油爆虾、汁骨、素料两只。小三四的四双拼，为酱鸭、白鸡、熏鱼、拆烧、白肚、皮蛋、油爆虾、素料等八种冷菜装四盘。士件，即禽类的肝、肫、心、肠四件，通常多指肫。

热炒与汤，四六四为清溜虾仁、西露蹄筋、青椒里脊、炸猪排、什景汤、雪菜鱼片汤；大四六四，则将四六四中雪菜鱼片汤换成炒鱼片；大三四为炒虾仁、青椒肉丝、炒鱼片、什景汤；小三四为炒肉丝、炒鱼片、炸猪排、荠菜肉丝豆腐羹。

四大菜，固定角色是美味酱方。另外三只大菜在品种和数量上有所变化，如大四六四为母油整鸭、清汤整鸡和醋溜桂鱼；四六四为母油整鸭、清汤半鸡和醋溜桂鱼；大三四为母油整鸭、清汤半鸡和醋溜黄鱼；小三四为清汤半鸭、五香鸡块和醋溜黄鱼。同样净重一斤，黄鱼成本为桂鱼的60%。如今养殖桂鱼价格实惠，而黄鱼身价却是今非昔比了。

除清溜虾仁和炸猪排外，其他菜肴均配搭头，“搭头”是指菜肴的辅料。点心为鲜肉大包，当时成本0.7元，占筵席成本3%。大四六四增加一道点心，成本一元。

老底子的菜式搭配和口味，在今天似乎跟不上时代的变化，但苏帮菜烹饪技艺以及不知传了多少代的筵席格式，是苏州饮食文化的基础，照搬照抄或全盘否定都不符合历史发展规律。苏帮菜烹饪技艺作为省级非物质文化遗产，需要活化传承和守正创新，比如调整膳食结构，增加蔬菜比例；再如保持四大菜的内涵，改变菜肴的出品方式等。

苏帮菜厨师，立足本土文化才能找到自信。不然，终究会迷失方向。

盐葱椒桂鱼

话说很多年之前，同里周园约饭，酒过三巡，端来一条桂鱼，表面超多的葱末，半汤汁，鱼肉呈蒜瓣状，鲜香而又不失桂鱼本味。听闻是盐葱椒桂鱼，看盘中鱼并细辨嘴里味道，却没有吃出花椒味。请教得知，此乃苏州地方家常菜，桂鱼暴腌，煎透下热水，宽汤煮成半汤汁，鱼先入盆，葱椒入汤汁滚开后浇淋鱼上，这是众多桂鱼烹调方法中我最想吃的做法。

我于 1998 年春结识周园，几次同团旅游考察，双方了解加深，甚是投缘。他初中毕业下过乡，回城前在牛娘湖看簖，簖为渔具名，编竹为栅，置入水中以截断鱼之去路。每当航船农船过簖，便放松绞索，簖下沉以利船只水面通行，船过簖后，再拉紧绞索，竹簖上浮，鱼不得过。他说那时人烟稀少，有时十天半月也遇不上可打招呼的人，簖上倒也不缺鱼虾蟹，也因此学得不少手筋、绝技，比如餐条鱼背开，连尾鳍亦可一分为二让人分不清雌雄爿。回城后，周园进单位拜师学轧面，那时同里镇每天要消耗三四千斤生湿面，高强度的劳作，使他入行百天俨然已经出师。四年前，珈裕珈生湿面屡试不成，他通过闻碱味浓淡而知配方多少，抟湿粉可辨搅拌机转速高低，稍加改动即事半功倍、马到成功。

既称葱椒，为何无花椒？在苏州厨房话语体系中，葱椒不含花椒，快刀将小香葱切成细末。为何一定要声明“用快刀”呢？刀不快形不整且葱易烂。苏州菜中的葱椒用量，如葱椒白蹄 10 克，氽着甲片 20 克。

其他如烂糊甲鱼、生熏白鱼、氽着甲片、莼菜氽塘片等也是微量，断无盐葱椒桂鱼这样土豪。

将四成葱椒与六成绍兴黄酒调和，即为葱椒酒。名扬天下的鲃肺汤和苏式汤爆肚等菜都需要用葱椒酒去腥。见到此文的厨师可能认为平时用盐、葱、姜和绍酒一齐捏，效果也不错啊。的确，各有各法，只要得法。我只能说，正经八百的苏帮厨师，肯定有约定俗成的苏帮做法。

葱椒里面没花椒，花椒炒盐研末是椒盐。裹烧蹄子、叉烤方、烧肝、椒盐排骨、高丽塘片、胡桃虾球、炸蟹球、卷筒蟹等苏州菜，都要用椒盐做蘸碟，也有趁热撒在食物表面，如炸肥肠。花椒和盐六比四用干锅炒制，市售盐添加物多且颗粒太细，徐鹤峰大师建议使用烘焙盐。葱椒、葱椒酒、椒盐，厨房是一个特殊的领域，脑补不可想当然，多问问身边越来越少的苏州大厨，搞清楚概念才能不犯错。

对了，牛娘湖即 30 公里岸线的长漾。七都、松陵、震泽、平望四镇合围 7 平方公里水面。当下，震泽、平望各据西东打造吴江“中国江村”乡村振兴示范区，稻田、桑地、果园、鱼池、农舍、小溪、炊烟……风光无限。

我倒是想让盐葱椒桂鱼扎根江村，谁来实施呢？

与众不同的相粉

庚子年秋冬开始，一款经典苏州菜在不经意间成为网红，海上美食评论家沈嘉禄先生以《煠紫盖》为题，洋洋洒洒数千言，从饮食角度辨析上海与苏州的关系，得出“没有小苏州，就没有大上海”的结论。

煠同炸，《明清吴语词典》作动词，指不放作料用清水煮。作名词有“煠蟹”即水煮河蟹。吴江俗俚有煠一煠，即以断生为限而非久煮，如河虾煠一煠，可煠的当然还可以有毛豆、芋艿等。问世于 1842 年的《桐桥倚棹录》市廛篇有煠圆子、煠排骨、煠紫盖、煠八块、煠里脊、煠肠、煠肫肝、煠面筋等“煠”字菜，此煠出吴乃为“炸”，就如苏州传统菜名不见“烤”却不缺烧小猪、烧肉、烧鸭、烧鸡、烧肝，等等。

如果不想凸显煠紫盖的苏式特性，亦可写成炸紫盖。山东菜“炸脂盖”以熟羊五花肉拖鸡蛋湿淀粉糊，复炸而成。此菜从经典清真菜演变而来，起初原料为羊腰窝肉、鸡蛋、湿淀粉及精粉，一次炸成再切条；南京菜“炸子盖”则以熟猪奶脯肉去皮切条拖蛋黄面粉糊，复炸而成。《中国烹饪辞典》有猪紫盖：“又叫臀尖，宝尖肉。是尾骨下部，后腿里上的一块瘦肉，形如扇面，浅红，肉嫩，可代里脊。”不过，我还是觉得“紫”或“子”均从“脂”音演化而来，老吃客言苏州煠紫盖切开后显现紫酱色的焖肉皮，似可成立。“盖”则无疑为蛋糊遮蔽之意。

在极易成熟的生料或加工成型的熟料等表面以上浆、拍粉、挂糊、着芡等方式粘上以粉状原料为主体的粉糊料，称“着衣”。挂糊料通常由淀粉、面粉、鸡蛋等组成，在不同媒介和不同的温度条件下，挂糊料通过蛋白质凝固、淀粉糊化，或生成焦蛋白质和焦糖层，将食物主料与加热媒介隔开，从而实现菜品在口感、色泽和造型等方面的设计要求。而苏式厨艺的不同之处，在于用相粉替代面粉。糯米粉和粳米粉对半掺和在一起称相粉，相粉在使用前需过筛，以确保粉糊细腻没有粉粒。

相粉与鸡蛋结合可呈发蛋糊、蛋黄糊、蛋粉糊等多种形态，用于不同的菜点。蛋清打发后加相粉为发蛋糊，相粉不沾牙且口感松软，为求奇效可添加蛋黄、玫瑰水、薄荷末等，发蛋糊多用于甜品。曾经吃过一款以玉兰花瓣包裹豆沙糖猪油拖发蛋糊炸，名叫高丽玉兰的甜品，松软之下兰香四溢，后用于东太湖大酒店的“太湖鱼宴·春季版”，广受好评；蛋黄打散拌匀相粉为蛋黄糊，如古钱鸡、炸紫盖等菜肴设计应达到香、脆、松要求，菜品呈金黄色；鸡蛋清打散调匀相粉为蛋粉糊，块小如桂花肉用“拖”字诀，整料如裹烧鸭用“涂”字诀，菜品呈现雪白色或浅黄色。今日见格格美食群上传菜谱用相粉做糖醋粒肉，甚喜。

相粉使用之经典菜点，在《苏州教学菜谱》中就有高丽塘片、古钱鸡、炸紫盖、裹烧鸭等七道菜肴以及枣泥兰花、高丽玉兰、玫瑰果炸、水晶球等十七道甜品。

煠紫盖算不上大菜，原料除了焖肉，就是相粉、鸡蛋黄、干淀粉、精盐以及用于蘸料的甜面酱。焖肉是相粉的三倍，每一两相粉加两只鸡蛋黄。老一辈厨师说煠紫盖和白什拌都属于剩余食材利用的典范，煠紫盖所用焖肉即苏式面馆中的经典焖肉。焖肉制作须以五花硬肋为原料，我在《寻找美食家》一书的“枫镇大面”中提及苏州焖肉的制法，不说厨艺过程，单就小火焖四个多小时，就已经充分说明苏式生活之悠哉了。而一块肥瘦相间没有肉夹气的焖肉，用作面浇头、煠紫盖乃至煮白菜帮都是上好的。

蛋黄打散加相粉、盐等，先慢后快、先轻后重调和成蛋黄糊，水性的蛋黄糊遇焖肉表面的油脂无法黏合，焖肉改刀为一指厚，每块约一两，滚匀干淀粉备用，临入油锅再拖上蛋黄糊。为激发食物的香味，煠紫盖应使用猪油，待油温六七成热，逐块放入，炸至呈金黄色时捞起，切菱形块装盆成菊花形，跟甜面酱上席。

焖肉脂肪易融，不需复炸。刘锡安大师将天香面馆的招牌焖肉送至灵岩山下半庭嘉宴，我正好在场，嘉禄老师的《煠紫盖》文章一出，记忆中的滋味又勾起了对肥而不腻之肉的馋念。

会用、善用且熟练运用相粉，才能棋高一着地凸显苏式滋味。

吴越美食

白斩鸡

白斩鸡也称白切鸡，在长三角和珠三角有广泛的食众。我非常喜欢吃白斩鸡，家里逢年过节或宴请宾朋也必亲自露一手。曾荣幸与嘉禄、西坡和国斌一起，在上海小绍兴品尝说是掮牌头才有的白斩鸡，确实非同小可。后来，有朋友送我百事盛农牧白切鸡，照说明操作，肉质嫩糯且滋味不亚于小绍兴。

诱人食欲的白斩鸡，一定具有水嫩特性。吴越地区传统的家禽饲养，鸭为麻鸭和樱桃谷鸭，蛋鸡为细脚梗草鸡，肉用鸡大多为三黄土鸡。三黄鸡是中国著名的土鸡品种，据说因其羽黄、脚黄和喙黄，而被朱元璋赐名“三黄”。袁枚言：“鸡用雌才嫩，鸭用雄才肥。”“鸡宜骟嫩，不可老稚。蒸鸡用雏鸡，煨鸡用骟鸡，取鸡汁用老鸡。”骟鸡即失去了传种接育能力，一门心思长肉的鸡。由此推断，用未下过蛋的一龄三黄雌鸡做白斩鸡是最合适不过的了。

袁枚《随园食单》中有“白片鸡”，按其制作过程，极似白斩鸡做法：“肥鸡白片，自是太羹、玄酒之味。尤宜于下乡村、入旅店，烹饪不及之时，最为省便。煮时不可多。”嘉禄老师曾经透露小绍兴做白斩鸡要汤浴三次，即鸡宰杀洗净后晾干，取大锅入凉水、投葱结姜片，候大锅水开之时手提鸡头将鸡淹入沸水中，随即提起，水开浸没，如此反复三次。其功用为定型、防止皮裂，使鸡膛和表皮均衡受热。如果沸水中拎出随即没入冰水，可令鸡皮紧致而有脆感。三次后候水再沸，将鸡没入沸水中，投葱姜、略烹绍酒。水沸后，将火调小至水面沸而不腾，计时六分钟，再关火加盖焖七分钟，到时间拎出，没入事先准备好的冰水中冷却，以增加鸡皮的脆爽和鸡肉的嫩滑，凉透即可斩件装盘。也有小火煮五分钟，关火焖十五分钟然后取出浸入冰水的，各家各法，不一而足也。

为免白斩鸡煮过头，烹饪小白可用插筷的方式判断鸡肉是否煮熟，取筷子在鸡腿肉厚处插入，能顺利插入且无血水渗出即为煮熟。白斩鸡装盘后的最佳状态是鸡腿骨断面有暗红色血块凝结，盘面洁白。

袁枚所言太羹、玄酒，太羹乃未经调味的汤羹；玄为黑，五行黑为水，玄酒即水也。此喻白斩鸡并未事先赋味，故需另备油酱碗作蘸料。我钟爱的油酱碗，由酱油、香葱、鸡汤以及几滴麻油调成，酱油首选色淡如黄酒的特鲜酱油，当下的宴会酱油或生抽也可担当；香葱洗净、晾干，再切极细的葱末；鸡汤是煮白斩鸡的副产品，取原汁原味之意平衡酱油之咸淡；熟麻油数滴，油过多鸡块不容易裹蘸汁且会冲淡白斩鸡的本来味道。一碗好的蘸料，是食客视觉、味觉、嗅觉之大飨。

自古无鸡不成筵，白斩鸡以其嫩滑脆爽深受广大食客喜爱，色泽、刀面以及装盘摆饰显示主家情趣，全菜突出本味，为其他菜肴留出了滋味空间。

炒鳝丝

袁枚《随园食单·水族无鳞单》言炒鳝丝要略焦，不可用水。所谓略焦，个人理解为使鳝丝所含水分减少，因而产生轻微的焦香。

当下餐馆或面馆片面追求滑糯嫩效果，以至鳝丝没有炒透，吃上去有粘牙感。苏州炒鳝丝以烫杀鳝鱼划丝为法，选用毛笔杆粗细，俗称笔杆青的小黄鳝，笔杆青大致每斤 12 条左右，价格经济实惠。淮扬菜香菜梗炒鳝丝和杭州菜生炒鳝丝，均用大黄鳝去脊骨成鳝背后切丝。淮扬菜有软兜长鱼，也用笔杆青，但软兜长鱼可能在清代受了太多盐商的追捧，如土豪一般竟然不用鳝腹。

炒鳝丝，可去菜市场买现成的鳝丝（带内脏），带内脏鳝丝出率一般为 75% 左右，出率 =（活黄鳝重量 - 黄鳝头骨重量）÷ 活黄鳝重量。带内脏鳝丝的成本价 = 活鳝价格 ÷0.75，超出这个价格的就是菜市场划鳝丝的利润了。所以，有时间又想保质保量的话，也可买笔杆青自己划。

炒鳝丝的全套厨艺大致分烫、划、洗、炒四步。

烫：大锅放入清水（以淹没鳝鱼为度），下盐、葱、姜、醋，煮沸，下黄鳝，急加盖以防窜出。葱姜去腥矫味，放盐不使鳝鱼皮肉开裂，放醋去腥并使表皮发亮。烫至鳝嘴近似直角张开，捞出浸入冷水盆，洗去白色黏液衣膜。

划：黄鳝脊骨呈三角形，划鳝丝的目的是取出脊骨，故需下三次刀。“工欲善其事，必先利其器。”以前我曾用牙刷柄自制划鳝刀，亦可用竹筷削制或钢锯条磨制而成。右手拇指和食指捏刀，食指抵刀面以微小的角度从黄鳝头部紧贴脊骨下刀，中指与无名指指腹紧贴黄鳝，匀速划向尾部，每一刀结束，将黄鳝向外翻，使鳝骨其中的一角向上：

第一刀，黄鳝腹部向内，左手拇指食指和中指固定住黄鳝头，拇指要抠住黄鳝喉骨，且拇指甲掐至脊骨，是处下刀，划鳝刀刀面微小角度紧贴脊骨，刀深透底破皮，划取鳝腹。

第二刀，将黄鳝向外翻转，鳝背朝向自己，从头与脊骨连接部下刀，划鳝刀刀面以微小角度紧贴鳝背边沿的脊骨下刀，刀深至骨脊，鳝丝称双背。如刀深及桌板的，划出的鳝丝称单背。

第三刀，将鳝鱼向外转动，划鳝刀刀面以微小角度紧贴脊骨下刀，刀深到底。

洗：剥去鳝腹内的内脏，除去残骨，洗净，切成 6 厘米左右长的段。

炒：旺火热锅，加猪油，油温五六成时，调中火，投入葱花与姜末，煸香，放入鳝丝，炒透，加入绍酒略焖，再加生抽、糖、盐，略烧，可勾薄芡，炒匀装盆，撒胡椒粉，以姜丝葱花结顶即可。

如烹制响油鳝糊，则在装盆后，用勺子在鳝丝上揿一小潭，将葱花置潭中，蒜泥和姜丝分放潭边，将八成热的麻油倒入潭中，在哧啦声中撒白胡椒粉，上桌。

鳝丝要炒透，炒透后要舍得加绍酒焖透，淋芡后要收干汁水。炒鳝丝如加洋葱、绿豆芽或韭菜等，忌煸炒过熟。

大排和排骨

随便找一家苏式面馆点大排面，就能体会大排因裹蛋糊经油炸而外脆里嫩，非现炸则不脆。若将这大排放入有绍酒、酱油、白糖以及葱姜等调味料里煮上一会儿，就是地道的红烧大排了。

鱼开爿后，有脊骨的一半为雄爿，另一半为雌爿。净猪开爿后左右对称，单爿而言从猪肩颈肉至臀尖中间，有一条长约 60 厘米、宽约 7 厘米，质地细腻的长扁圆形肉，称外脊。外脊统分为三种，一是带肥膘外脊肉，可做“黄焖猪排”或“红烧猪排”；二是不含肥膘的净外脊肉，适宜炸、炒；三是带脊椎骨不含肥膘的外脊肉，即大排。半爿猪去前后腿，去外脊后剔出的骨头，分带着前夹心肉的颈骨和四根前短肋骨的草排以及带胸腹肉的肋排。草排俗称小排骨，斩小后多用于拖面糊炸糖醋小排，或文火笃汤；肋排是带肉的猪肋骨，亦称大排骨、排骨，可烧、炸、焖、熘、炖等，亦可做叉烧或卤酱做冷盘。苏州冷菜“汁骨”、热菜“糖醋排骨”均用大排骨。

家里平常不开大油锅，想吃大排怎么办？煎烧！煎烧又称南煎，煎起壳出香，再烧入味。是南方烹饪常见手法。想要吃大排，先得预处理浸、棰、浆。以五块大排为例。

浸：将大排浸泡在温度较低的清水中，浸捏去血水。时间约需半小时。

棰：用西餐肉排棰或家用菜刀的刀背，将大排两面排敲，并用刀面拍打整形，使大排肉质酥松、变薄变大且形状好看。再用剪刀将大排边缘的筋膜剪断，以避免大排油煎受热而收缩卷曲。

浆：浆的目的，一是锁住水分，使肉嫩；二则给底味，盐味戒去淡水气；辛香味赋予大排设计过的味道。大排沥去水，放入盛器，花椒十粒，八角一颗，桂皮指甲盖大小二三片，加大排分量 1% 的盐及少量葱姜水，用手抓捏至不见水分；加一个鸡蛋清，抓捏至黏稠；撒约三克生粉抓匀；再淋少许色拉油，抓匀。冷藏两小时。

以花椒除肉臊，葱姜水激发猪肉本味，八角桂皮赋香，盐、蛋清及生粉锁住水分，色拉油的目的，不使大排之间因生粉多而粘连。接着，进入烹饪程序，煎、烧。

煎：旺火热锅，入少量油（不够可临时添加），转中小火，将大排铺平放入，两面煎黄。

烧：将煎好的大排全部入锅，倒入绍酒、酱油、葱结（可多些）及姜片，将盛器中的花椒、八角及桂皮放入，加水淹过大排，大火煮开，放冰糖屑或白砂糖，加盖转中火煮半小时。开盖大火收汁，边收汁边将卤汁淋浇在上面的大排上，亦可适时颠锅。大排盛入餐盘，卤汁浇淋在大排上。

若想在标准的苏味煎烧大排基础上有所变化，可用莳萝、罗勒、迷迭香或香茅草提香，或用黄油煎。当然，加点辣火也未尝不可。

特别提醒：苏味的汁骨及糖醋排骨，是不裹粉的。

肋排 500 克剁成寸长，回家后，先逐个用菜刀刀面或松肉锤将肋排拍松，再在低温清水中浸出血水，以减弱排骨中的臊味。浸泡半小时后，揉捏、漂净并沥干水。

洗净后的肋排放入盛器，放葱结、姜片、盐、绍酒及一颗八角、少许桂皮，顺势搅拌至粘手，腌渍两小时。需要额外赋味的，可以加入芹菜、胡萝卜等的榨汁。木瓜或菠萝榨汁，有利于分解蛋白质，使肉质更嫩。

旺火炝锅，入油，油温五六成时下肋排，煸炒，待肉色微黄时，下酱油 40 克炒上色，再下绍酒 50 克，香醋 100 克，冰糖屑或白砂糖 100 克，加入腌渍剩下的汁水，若液面没淹过肋排，则再加水。加盖大火烧开后，文火焖烧。约 40 分钟后开盖，大火收汁，略加香醋至锅内有大泡沫，汤汁浓稠包裹排骨时出锅装盘。各种调味的克重仅供参考，不必拘泥。

好的糖醋排骨，应该块形完整，色如琥珀，一抿脱骨，肉嫩肥腴，酸甜适口。如非煸炒而复炸，则还有骨酥要求：骨酥的状态是牙齿咬合时能明显感觉到肋骨中有酸甜的汁水流出。

东山杨梅

三年前寻找东山美食，机缘巧合结识许纪忠，“忠”字暴露了年龄，他说有时写“中”，有时写“忠”。拆字先生能看姓名知性格，我没这本事，直觉他忠厚老实。于是，我补了一句“有心比较好”。老许既是果农亦是茶农，以碧螺春、枇杷、杨梅为主要营生，平时主要修剪养护，以利阳光普照。

碧螺春等绿茶特别讲究节气，所谓明前、雨前，尤以清明前采摘炒制的为金贵，谷雨后雨水增多，茶味就淡了，再则谷雨后气候温度使然，茶叶大量上市。此理，尝鲜绿茶者皆知。枇杷和杨梅一样，雨水少而日照多相对就鲜甜。东山枇杷在五月中旬上市，枇杷收梢接着就是杨梅。

老许家在东山长圻码头附近，上辈传下来的杨梅树已有百年，加上他在 20 年前亲手栽种的，总共大概三四十棵树。每一棵树上都挂满了诱人的杨梅，果子的成熟期是不一样的，踩在很有年代感的高高的人字梯上，老许和他妻子矫捷地采着紫色的杨梅，他指指尚未熟的红红的果子，说疏果后营养足，杨梅会越采越大，说话间，我自顾自挑那硕大的紫果一口一个，听老许说他吃杨梅从来不吐核，我试着稍微咬几口就咽下去五六粒杨梅，不觉有异。至于杨梅核可以清理肠道之说，暂且我也当真了。

应时的杨梅买回家，淡盐水泡过滗去水，吃杨梅要特别当心衣服别沾上杨梅汁。不过，老许家的那位说了，杨梅汁沾衣服上后，马上洗，洗不掉也不必在意，因为过了杨梅季，淡粉红的颜色会褪得干干净净。不知桑葚汁是不是也这么知趣?

谈话间，陆续有大人小孩上山，言语间发觉他们与老许家很熟，搭讪一聊，原来是果子成熟季节必来的亲戚，现采现吃，令人心生羡慕。解馋自不必说，还有那活色生香的山村美食呢。

宋陈岩肖《庚溪诗话》记载:“江南五月梅熟时，霖雨连旬，谓之黄梅雨。”明李时珍《本草纲目》言“杨梅树叶如龙眼及紫瑞香，冬月不凋。二月开花结实，形如楮实子，五月熟，有红、白、紫三种，红胜于白，紫胜于红，颗大而核细，盐藏、蜜渍、糖收皆佳。”农历五月，正值黄梅季。如是梅雨来得早，果子甜度差且挂果不易，不等采摘就纷纷坠地。雨天山路湿滑，鞋底带泥上梯不安全，杨梅树枝没韧性，承受不住大人的分量，极易发生意外。因而，若逢连日阴雨，老许宁可果子烂掉也要留得青山常绿。

居家之法，杨梅浸在糟烧或更好的高度白酒中，家人遇有肚痛，吞服一粒可立见其效。近年学得新吃法:用淡盐水略洗，沥水，密封在容器中冷冻，馋时搭一颗咬咬，冰爽绝伦。印象中，杨梅很少入菜，但白糖杨梅干却是不可多得的苏式茶食。除此，杨梅最有可能成为做菜时大厨喜欢的参照物，如大师傅关照小徒弟做鱼圆要如杨梅般大小。

不管是枇杷、杨梅还是橘子，每一样果子及其每个阶段的味性特质各不相同，和果农交朋友能了解其中微妙的差别，从而挑到好的果子，这和吃厨师理论是一脉相承的。我惯用是否“鲜洁”来评价水果。鲜是新鲜与味觉的最佳状态，水果之鲜是水分与五味恰到好处的结合体。水分足而寡淡或水分寡而甜腻均不在鲜之列;洁是味道不拖泥带水，回味愉快，有爽的成分。用此评判嘴里的水果，会有不一般的体验。洞庭东山的杨梅个头虽比客乡的要小，鲜洁之味却独领风骚。

枇杷、杨梅不独东山有，而家门口的果子，有着浓浓的时令之味。

定胜糕

苏俗，定胜糕是抛梁的必备物品。家中建房，亲眷邻居帮忙，上梁之前，旧俗仪式隆重。如镰刀、尺子、镜子、秤杆等拴在米筛上，悬挂堂屋墙上“厌胜”；如红绿布条挂上梁的“布彩”，现亦多见于新车车尾。木作匠人将正梁搁在山墙尖顶后，开始清嗓念叨祝福之际，将定胜糕、兴隆馒头、鸡鸭血染的铜钿等从上往下抛。主家亲眷、众邻帮工以及泥瓦木匠人等竞相抢接抛梁之物，以期“高升”“圆满”“满意”“高兴”……

糕团之中，为何选中定胜糕抛梁？定胜两字来自“锭榫”，锭榫是中国传统木工榫卯结构的名称，亦称银锭榫，榫的形状似两端圆弧而束腰的元宝。顾名思义，锭榫糕就是形似锭榫的糕。在中国传统的吉祥图案中，元宝上交叉放置毛笔和如意，喻为“必定如意”。定有平安、安稳的意思。要办成一件事，亦须敲钉转脚，不可动摇。锭榫两字业经文人琢磨，谐成“定胜”或“定升”，于是男女定亲、学子考试、乔迁升职等吉庆祈福之事皆以糕寓意。

定胜糕的制作工艺繁复，关键是糯米及粳米要提前淘洗、沥干、饧发、磨粉，不可能现做零卖。故商家只接订单，最多零卖尾单。在水乡古镇，尚存现做零卖、一只一蒸的糕，是苏州糕团分类中的“斗糕”，糕模用圆形木雕凿，外形似饭碗，中间雕成正方形、梅花形或锭榫形，上大下小，成斗状，底部凿圆孔，上盖钻了小孔的金属圆片，可防止米粉掉落和方便蒸汽渗入。灶具上是盛水的铅壶，壶盖正中是出蒸汽的孔窍，与糕模圆孔正对。糯、粳米粉混合称相粉，糯八粳二的干米粉与二成八左右的清水拌和“夹粉”。糯八粳二，即二八粉。糕模中先垫三成相粉，再入馅心，然后盖上相粉后刮平，旺火蒸5分钟左右，即可趁热品尝。相粉和清水混合后称镶生白粉或镶熟白粉。斗糕馅心有赤豆、玫瑰、薄荷、枣泥、百果、蛋黄、白糖桂花、豆沙猪油等。

定胜糕以猪油玫瑰味为经典，我对糕团点心中亮晶晶的糖猪油丁情有独钟，酒酿饼、猪油定胜糕、水晶团等只要猪油丁不透明，一律否定。糖猪油和玫瑰酱也可自制，挑肥厚猪板油温水洗净，晾干后撕去衣膜，案板上先撒一层糖，平铺猪板油，再撒一层糖，如此层叠；切成大小合适的丁，拌匀腌渍，时间一般为两周，太短有猪臊味，太长又生哈喇味。除非有现成的梅卤，不然制作玫瑰酱需费时两个半月。每斤青梅以四两盐腌一月，去核捣烂装回卤汁中，即为梅卤；玫瑰花瓣洗净沥干，配入九分盐卤和三成五梅卤，腌制半月。传统方子的盐卤含明矾，今为食品安全之大忌，弃之。可适当调整盐的比例；装布袋取出压干，撕碎，拌等量白砂糖，入坛密封储藏，满月使用。

制作定胜糕，需一块糕模、二块糕板。糕模和糕板选用质地细腻不易开裂变形且没有树木固有气味的银杏木制作而成。两种略带水分的粗粉置案板上，中间成潭，加入白砂糖拌和，面上略洒清水，静置六小时，再加玫瑰酱、红曲米粉拌和“夹粉”，夹粉即双手将粉团颗粒搓散并选用合适的网筛筛出不同规格的粉。咸糕用粗眼网筛、定胜糕用中眼网筛、斗糕用细眼网筛。将定胜糕模放在糕板上，先在模孔中放入半数糕粉，入豆沙和甜板油丁，再以糕粉盖满，刮平，均匀撒上松子仁；另取糕板一块，覆盖在糕粉之上，翻身，去糕板及糕模，入旺火蒸箱20分钟至糕面结拢即熟，取出晾凉，猪油定胜糕就亮相了。

苏州糕团的口感和滋味总体而言体现甜糯，香味主要有玫瑰、薄荷和桂花三种，糯粳比例以及糖的剂量等也会随时代变化而呈现不同的偏好。苏州市饮食服务公司1985年12月编印的《苏州糕团》中，苏州定胜糕以糯六粳四米粉和绵白糖为主料，平素里见到的粉红色，是玫瑰酱与红曲米粉的融合效果。国家强制性标准GB2760-2014规定用于糕点的红曲米粉最大用量，每公斤不超过0.9克。馅心分荤素两种，荤馅以糖猪油丁、干豆沙、配玫瑰酱为四季经典，夏用薄荷末，秋配甜桂花；素馅则在玫瑰、薄荷和桂花三味之外，增加了以赤糖替换白砂糖的黄糖桂花味。

在满世界传统定胜糕的江南，震泽仁昌顺的陆小星用传统糕团三分之一大小的迷你大法，使定胜糕、菜花团子、青团子、麦芽塌饼等成为时尚新宠，妥妥地变身为情调满满的小吃茶点。

蛋饺、蛋圆和二筋页

我偏爱有汤水的小吃，在南京上学时极度迷恋烫嘴的鸭血粉丝汤，在苏州吃生煎则一定要配一碗咖喱味的牛肉粉丝汤，小馄饨始终是我选择在单位食堂用早餐的原因。还有想吃而不太容易吃到的，比如蛋饺、蛋圆和二筋页。

蛋饺呈半圆饺子状，蛋圆依模型变化而呈现半球形、圆柱形等，寻常人家多用旧式小酒盅，模子内里用熟猪油一抹，注入蛋液放入肉馅，再用蛋液淹盖肉馅，上笼蒸熟脱模即成；二筋页是面筋塞肉和百叶包肉的合称，二筋页肉馅较足，可蒸可炖，不可久煮，若没有好汤则鲜味容易散失。油面筋用筷子戳洞，小心挤压内部结构，便可塞入更多的肉馅；百叶氽水后铺平，放肉馅，卷成铺盖状，用棉线束扎；坊间暗语各来一只称单档，各来两只称双档。苏州乐活六点档钱小芮探店曾介绍二筋页砂锅，白菜垫在锅底，放上粉丝、油豆腐及二筋页，撒上葱花和开洋，热气腾腾地很应乍暖还寒的初春景象。

蛋饺、蛋圆和二筋页均可提前制作，冷冻保存。馅料以肉馅为主流，夹心后臀配伍四六肥瘦，加盐剁细。可加开洋、干贝、冬笋末、香肠粒、皮肚碎等提鲜或改善口感，入盐、糖、酱油、调味油和葱姜水搅打上劲。若能讲究一些，蛋饺、蛋圆、油面筋和百叶包所用肉馅应有区分。

蛋饺是年菜元宝，从前江浙富裕人家过年的暖锅中一般不缺此物，只可惜如今餐馆见不到汤容量大的暖锅，满世界除了京式涮锅就是重庆火锅。

己亥年元宵节前，有幸受邀在汤阿姨家吃饭，汤阿姨是“五零后”，父亲是平望莺湖楼饭店的经理，她从小耳濡目染，练就了一身烧菜的好本事。白斩鸡、酱蹄、元宝（酱煨蛋）、水笋、菜心、盐水河虾以及八宝鸭，引得我等食指大动，八宝鸭里的八宝馅料鲜美无二，动调羹不下五次，白果未去芯，虽略苦但爽口。撤下了几道冷菜后汤色清澈见底的三元汤上桌，蛋圆与虾圆作伴满满地浮在汤面上，汤阿姨说炖八宝鸭不放酱油，用电焐锅炖出的汤色自然无色无渣，撇油上桌，故而三无齐全。三无，即无色、无油、无渣，是顶汤的评判标准。慢慢地舀上一碗，火腿、冬笋、虾圆、蛋圆一样不少，一碗下肚幽幽鸭香在口中弥散，汤面在急速下降，砂锅撤下，再次上桌时汤阿姨说这次加的是煮白斩鸡的汤，又舀了一碗后开始夸菜好汤好，还赞蛋圆色泽黄橙样子漂亮，阿姨透露了鸭蛋和草鸡蛋二八开的秘密，如此用心怪不得她“七零后”的儿子在品鉴时常以老妈的菜为标杆，起初还以为他是一枚妈宝，这回我也服帖了。

见我终于放下汤碗，汤阿姨老伴沈先生说本来是三元汤，因鱼圆极费功夫来不及做，沟通后建议叔叔调整鱼圆制作工艺。

蛋饺的风味，在于若隐若现的蛋焦香味。记得从前妈妈过年做蛋饺，蛋液下锅前筷夹一块肥膘，涂抹锅底不使蛋液粘锅，如今在蛋液中加些植物油也可达到同样目的。今奉上吴郡华门蒋氏蛋饺方，以飨看官。

原料：鸡蛋、生粉、盐、植物油、肉馅。以 50 只蛋饺计算，约需 10 只鸡蛋 180—200 克蛋液。按照蛋液重量配伍，生粉 3%，植物油 5%，盐 1%。

制法：

1. 生粉用水化开，将盐、水淀粉加入蛋液中，搅打均匀，过滤蛋液。

入少量水淀粉可提升蛋液密度，使蛋饺不易煮烂；

2. 蛋液中加入植物油，搅打匀，每次舀蛋液前均需搅匀；

3. 中小火热锅，舀蛋液入锅，用汤匙将蛋液摊平或晃锅使蛋液圆平。如蛋液快速凝固，需调小明火或锅子暂时离火；

4. 快速用筷子夹肉馅放在蛋皮中间，夹住蛋皮的一端向另一端折叠成半圆，并用筷脚按压开口处，使之粘连。如果使用模子做蛋饺，又嫌个小，可不完全折叠。若蛋液干涸，则可用汤匙略蘸蛋液作黏液；

5. 蛋饺略微煎至两面金黄出锅，冷却后可以装盒冷冻贮藏。

闲来无事，馋意渐浓之时，可切几片咸肉煮一锅汤，汤香四溢时入粉丝，汤沸下蛋饺、蛋圆和蒸熟的二筋页，再沸三沸撒葱花或青蒜、榨菜末、虾米或开洋，上桌再闪一点白胡椒粉，地道的江南小吃中隐含了满满的江南情趣。

不够味？来点以腌足了一年的辣椒为原料，按传统工艺制作的同里辣酱，微辣咸鲜，很开胃。

酱肉烧蚌

酱肉是苏南浙北特有的腌制品，不知是谁走漏了风声，国家“八五”重点图书、聂凤乔主编的《中国烹饪原料大典（上卷）》将江苏吴江的“酱肉烧蚌”与扬州“蚌肉狮子头”、东海“蚌肉涨蛋”、安徽“河蚌豆腐羹”和浙江“火腿炖蚌肉”同列各地名菜。

吴越民系善腌物，有民谚“小雪腌菜，大雪腌肉”为证。而大雪节气后雨水日较多，不利于腌肉的晒制，故腌肉的开始也没有绝对的界限，腌制量大的可略提前到小雪节气，按照古法酱肉的制作需腌七天酱七天晒半月，酱肉晒至滴油即可转移到通风干燥处，没有冰箱的年代，酱肉需在清明前吃光，清明后气温回升快，酱肉易齁。如今可拆卸切小后真空塑封冷冻贮藏，全年可食用，这样相对也延长了“酱肉烧蚌”菜的寿命周期。

河蚌在水温超过 10℃时从冬眠中醒来开始觅食，水温 15—25℃为最适宜的生长环境，河蚌可吃的部分主要为蚌肉（斧足）、蚌黄（生殖腺）、闭壳肌（瑶柱）、外套膜。

民间认为蚌肉在春天最为肥美，以蚌肉为主料的菜式如蚌肉炒韭菜、河蚌尚菜梗、河蚌拖面糊煎、河蚌红烧肉、河蚌烧老豆腐、河蚌豆腐汤、雪菜烧河蚌等。亦有面馆会应季做雪菜笋片河蚌汤面，那是苏式汤面的另一种形式，炒浇原汤面。雪菜蚌片煸炒后注水烧开，再将一汆过的面条入锅，略煮出锅。

雪菜蚌片选大河蚌，酱肉烧蚌以小河蚌为宜。两种菜式对河蚌的处理手法各不相同。

相同点是都需要用木质锤轻轻捶打“斧足”（整个河蚌肉质最结实的部分），未经捶打的斧足受热收缩非尖牙利齿不能咬嚼。

不同处是大河蚌肉一剖为二，将蚌黄另碗盛放（在葱姜油里熬熟，制成河蚌酱）。斧足捶打后批成需要的片状（因河蚌受热后会收缩，所以不要批得太小太薄）；小河蚌去腮去肠，捶打斧足时避免打散河蚌的黄。

河蚌需要去腥，小河蚌需用盐腌渍 10 分钟，洗去黏液后用面粉拌匀放置 15 分钟，再洗去面粉。最后用葱姜及绍酒瀹（腌渍）30 分钟。大河蚌在切片后沸水略汆，再用绍酒和盐瀹，去腥给底味。

雪菜蚌片的配料是雪菜、笋片，也可以是香菇片、黑木耳等。旺火热锅，入油，油热后煸香葱姜，下配料炒透，下蚌片翻炒，下鲜酱油、砂糖和河蚌酱，拌匀后淋麻油起锅。

酱肉烧蚌，需先用热水洗去酱肉多余盐分，蒸熟再切小块。旺火热锅，入油，油热后煸香葱姜，下河蚌煸炒，下绍酒（加盖待嗞嗞声减弱），开盖下热水，下酱肉汁（蒸酱肉多出的水），下少许砂糖提鲜，煮 10 分钟，再下蒸好的酱肉，烧开即可盛起装盘。

如想吃酱肉河蚌又不得不用较大个的河蚌时，可在敲打后冷水预熟（入冷水锅，葱结，姜片，绍酒，煮开后捞出洗净），然后改刀……

酱肉烧蚌，菜名直白一目了然，个中滋味非亲历体验不会有。

六月里的黄鳝

六月里，是吴地对夏季的称谓。旧时贫穷农户青黄不接，麦收前借债度日，夏熟后还钱了账。久而久之，就形成了吴地歇后语："六月里的债，还得快。"后来，语境变了，人情往来中快速回礼者难免被人怼六月里的债。

六月里，江南夏收作物接连成熟，除了小麦、油菜，还有黄瓜、西红柿、蕹菜、苋菜、丝瓜、豇豆以及铁锈蟹、餐条鱼、鳑鲏鱼、激浪鱼、白鱼还有黄鳝等。螃蟹躲在水草中避天敌，黄鳝喜好栖息在河浜或水稻沟渠边的水洞里。我的农村同学中不乏捉鳝者，白天以蛐蟮钓鳝，钓钩是自制的，用自行车辐条螺纹一端磨尖弯钩做就。晚上用手电筒照鳝夹鳝，一端带有锯齿的三个竹片做成夹鳝的钳子，杠杆作用下黄鳝难以挣脱，捉到的黄鳝就是一学期的学费。很庆幸自己经历了暑假作业不多，没有课外补习，没有各种兴趣班的童年和少年。上午挖蛐蟮钓鱼，下午野泳踩河蚌，晚上纳凉听故事，不知这样算不算虚度年华？虽住镇上，但家属大院紧邻自然村落，村庄周边遍植桑树，桑葚倒是吃了不少，但农田在河对岸，需绕路走迎春桥过去，约农村同学一起钓过鳝，但终究技不如人，战绩乏善可陈。

随遇而安的苏州说法就是有啥吃啥，时令到了，就自然而然地吃将起来，苏州人独有一套吃或不吃的理由。如立夏尝新吃樱桃、蚕豆和蒜薹，端午要吃"五黄"和"炒五毒"，冬至馄饨夏至面，到了夏至吃的是

“冷拌面”，热天不吃蚊子甲鱼等；六月里可吃的东西不少，人所皆知的面拖蟹就是应时佳肴，只不过多数餐馆厨师并不明白铁锈蟹切开后要竖在干面粉中封住切口断面，餐盘中清晰可见恼人的面疙瘩。苏州人的奉时而食跟气候相关，在经历了潮闷湿热的黄梅天，气温急剧上升的小暑天就像蒸笼一样，中医认为暑盛湿重，既困脾胃又伤肾气。黄鳝有天越热觅食量越大的习性，长得快即肉嫩也。唐孟诜《食疗本草》言鳝鱼“补五脏，逐十二风邪”。此时，“小暑黄鳝赛人参”就是绝好的食治借口了。黄鳝又称长鱼、蛇鱼、护子鱼、田鳗、无鳞公子等，肉质细嫩，滋味鲜美，但必须活用。

家庭以黄鳝入肴，无非鳝背、鳝丝或鳝段。我曾经特意向吴江宾馆的方利峰大厨学划鳝丝，了解其中手法及注意事项，划鳝丝及开鳝片用鳝，一般取直径一厘米左右的笔杆鳝，没掌握此技能的家庭可选择相对粗壮、腹部黄色的黄鳝，放净血，开膛去脏杂，85 ℃左右热水烫去黏液，断骨连肉剪成段。吴江震泽一带农村习惯饭镬上葱、姜、盐、菜油清炖黄鳝或做蘸酱黄鳝、五花肉红烧鳝段、水面筋笃鳝，肴馔各有千秋。我喜欢喝清汤，又嫌汰面筋包肉麻烦，就以火腿为辅料，准备连皮蒜瓣、葱、姜、猪油、白胡椒粉和少量的盐，发明了蒋氏清汤黄鳝。做清汤黄鳝，一定要倒计时。即预设上桌时间，然后提前 50 分钟笃鳝。

将洗净的断骨鳝段放入砂锅，入熟火腿片或熟的咸肉或风肉，入薄薄三片姜，注冷水烧沸，撇去浮沫，将火调到汤面沸而不腾，20 分钟后，放入 10 个左右连皮蒜瓣，再续笃 20 分钟。尝汤调味，再舀一勺熟猪油下去，撒葱花、白胡椒粉，大火煮开，关火上桌。

清汤黄鳝，其肉鲜嫩。如盐放早，则肉质僵硬，了无嫩糯的感觉。

栗子烧鸡

洞庭东山和洞庭西山所产栗子，苏州人称之为本山栗子。早熟的栗子在中秋前后放量上市，小时候吃到的板栗产自宜溧山地。板栗异称众多，以毛状针刺壳斗包裹之形称毛栗。苏州有俚谚“阿要畀倷吃毛栗子？！”毛栗子与栗子无关，食指或中指勾起叩击犯事不听话孩童的后脑勺就叫“吃毛栗子”，很疼的。

三国时，吴郡人陆玑著有《毛诗草木鸟兽虫鱼疏》以“栗，五方皆有之，周、秦、吴、扬特饶。惟濮阳及范阳栗甜美味长，他方者不及也”释栗。濮阳之名始于战国时期，因位于濮水（黄河与济水支流，后因黄河泛滥淤没）之阳而得名，是中国古代文明的重要发祥地之一。濮阳古称帝丘，据传五帝之一的颛顼曾以此为都，故有帝都之誉。范阳的范围大概是今保定以北、北京以南这一带，若我是卖良乡栗子的，则直接与房山画了等号。

历代中医皆看重栗子的药效，如宋陈直撰《养老寿亲书》以生栗为方：“生栗（一斤，以蒸熟。透风处悬，令干）上以空心每日常食十颗。极治香港脚，不测有功。”食治老人香港脚，肾虚气损，脚膝无力，困乏。元忽思慧著《饮膳正要》：“如肾气虚弱，取生栗子不以多少，令风干之。每日空心细嚼之三五个，徐徐咽之。”明李时珍在《本草纲目》科普了栗子的种类：“栗之大者为板栗，中心扁子为栗楔（一球三颗，其中扁者栗楔也）。稍小者为山栗。山栗之圆而末尖者为锥栗。圆小如橡子者为莘栗。小如指顶者为茅栗。”栗子不但益肾，与蜂蜜搭配还可美容，濒湖山人曰栗子“捣散，和蜜涂面，令光急去皱纹。”“小儿口疮，日煮食之。”“栗子粥，补肾气、益腰脚。”

栗子以霜降为界限，之前上市者为热水栗，色浅、质松、味淡、含水多，不耐贮藏；之后成熟上市为冷水栗，色深、肉紧、味甜、水分少、较耐贮藏。上世纪70年代的某一天，收到来自宜兴大姨的包裹单，等从邮局取回，发现整包栗子已经升温发酵霉变，这是热水栗么？现在菜市场更多的是去了壳的冰鲜栗子，口感不佳，估计也不会是冷水栗。至于五花八门的楔栗、山栗、锥栗、茅栗等野生栗子，通常是无缘得见的，小友毛快元曾从江西老家带来圆而小如榛子的栗子，应该是莘栗了。栗子的保存，可埋入室温的沙中，或直接冰箱急冻。

袁枚《随园食单》记有“栗子炒鸡”，之后苏州文人笔记《桐桥倚棹录》中有“黄焖鸡”，而苏州民间惯于当令蔬果入菜，故于上世纪20年代定型今日苏州菜之“栗子黄焖鸡”：

原料：净肥母鸡500克，本山栗子250克，水发香菇50克，熟猪油50克，麻油10克，绍酒40克，酱油35克，精盐1.5克，白糖20克，葱10克，姜5克，水淀粉10克。

餐馆制法分三步：

预处理。净肥母鸡整只入冷水锅，加葱结、姜片、绍酒，烧沸后再煮10分钟，取出洗净，切块。原汤用细筛过滤去沫；栗子一切为二，在沸水中烧熟，剥壳去衣；水发香菇一切二。

炒鸡块。炝锅，入熟猪油煸香葱姜后鸡块煸透，加绍酒盖锅盖焖透，再加酱油、盐和糖，注入煮鸡原汤，加入香菇煮开后加盖转文火焖40分钟，捞出葱姜，放入栗子，旺火收汁。

扣碗。鸡块皮朝下排齐入碗，放入栗子和香菇，合入餐盆。鸡汤烧沸，加水淀粉着薄芡、加麻油搅和，出锅浇在菜面即成。

苏州菜谱原用冬笋，我觉得可省之。理由之一，栗子秋冬使用上佳，若为秋季尝新，再用冬笋谓不搭；理由之二，若冬季做栗子黄焖鸡，可加当令冬笋而非罐头冬笋，使之符合苏州饮食之不时不食。

如果是家常做法，至第二步即可。家常菜中还有栗子烧肉也是极其好的江浙菜肴，不过仅限于猪肉。李时珍说"栗子忌牛肉"。我不知其中奥秘，谁人可解？

做有心人，栗子壳不要扔掉，《本草纲目》释其用途为"反胃消渴，煮汁饮之（孟诜）。煮汁饮，止泻血"。著名学者、医学家、饮食家孟诜是唐代药王孙思邈的学生，其撰写的《食疗本草》是世界上现存最早的食疗专著。

吃栗子黄焖鸡，有苏州话般的软糯。

毛荣爊锅方

《说文解字》：爊，炮肉，以微火温肉也。宋明时期，爊常以“熝”之面目出现，熝与熬同，为文火久煮。从字面看，“爊”是烹饪方法。然而，其奥义在于形成特殊爊味的那些既是食品又是中药材的物品，即冷菜厨师常用的辛香料。

北宋时，都城东京开封府最为著名的爊物出在段家，孟元老创作于宋钦宗靖康二年（1127）的《东京梦华录》记载，在北矾楼前有“段家熝物”，属北食。约150年后，钱塘人吴自牧著《梦粱录》，“分茶酒店”条下有“熬野味”“熬鸡”“熬肉蹄子”“熬肝事件”。同一时期寓居湖州的周密著《武林旧事》，“市食”条录有“爊肝”“罐里爊”“爊鳗鳝”“爊团鱼”等菜名，只可惜以上仅为文人记录之菜名。到了元代，苏州人韩奕撰《易牙遗意》，留有官桂、白芷、良姜等三种香辛料的“粗熝料方”与甘草、官桂、白芷、良姜、桂花、檀香、藿香、细辛、甘松、花椒、宿砂、红豆以及杏仁研磨细末的“细熝料方”，并有“熝鸭羹”详尽制法。自此，有了文字的文火久煮 + 香辛料的爊法。明代，松江华亭（今上海松江）人宋诩著《宋氏养生部》，其饮食部分收录了“爊羊二制”：肉烹糜烂轩之，先合爊料，同鲜紫苏叶水煎浓汁，加酱，调和入肉。以熝料汁烹羊肩背，俟熟，加酱，调和捞起，架锅中炙燥为度。附爊料：香白芷二两、藿香二两、官桂花二两、甘草五钱，㕮咀之。“爊猪”：用首，同羊。香白芷即白芷，东汉时期结集整理成书的《神农本草经》谓白芷“一名芳香”。㕮咀为中药用语，意为用口将药物咬碎，以便煎服。后用其他工具切片、捣碎或锉末，但仍用此名。

清郑光祖《一斑录》刊有乾隆年间常熟名厨毛荣之“爊锅方”：“肉果二个，丁香一钱，肉桂一钱，白芷三钱，三奈一钱，右香料五味入纱袋，黄酒十碗，菜油三碗，酌加飞盐，同入锅爊，以肥鸡为上，一切山鸟皆佳，烧滚即用文火熗。忌爊猪羊牛肉与鸭一切物，在锅冷定不起，虽暑月不即败。”肉果即肉豆蔻，三奈即沙姜是山奈别称，五味香辛料在中药店可购得。清代称重为十六进制，一钱相当于现在的3.125克。黄酒和菜油比例约为75比25。撮盐散撒为飞盐，若黄酒十碗为10斤，盐以百分之一为宜。“熗”字无从考据，猜为“焐”。此爊锅方为毛荣所创，为肥鸡和山鸟专设，故“忌爊猪羊牛肉与鸭一切物”。

从熬到熝再到爊，对于厨师而言，都是微火久煮的烹饪方法。一旦爊物被广大食客所接受、喜爱、追捧，“爊”就成了一种风味。约清道光年间，苏州人朱骏声著《说文通训定声》孚部第六“鏖”字下：“爊，煴也。今苏城市熟肉之肆，俗呼爊肉店。”煴，燃微火的火堆。市即卖也。

爊物的特殊风味在于白芷，《神农本草经》将365种草、木、虫、石、谷分为上药、中药和下药。上药为君，主养命以应天，无毒。多服、久服不伤人。中药为臣，主养性以应人，无毒有毒，斟酌其宜。下药为左使，主治病以应地，多毒，不可久服。白芷为臣，味辛温。主女人漏下赤白，血闭，阴肿，寒热，风头，侵目，泪出，长肌肤、润泽，可作面脂。清代吴门医派的代表人物、苏州儒医、吴江人徐灵胎著《神农百草经百种录》，评中品白芷：“凡驱风之药，未有不枯耗精液者。白芷极香，能驱风燥湿，其质又极滑润，能和利血脉而不枯耗，用之则有利无害者也。”

毛荣爊锅方所需的五味香辛料，均在《按照传统既是食品又是中药材物质目录》中，不过山奈根茎仅作为调味品使用，且使用量每天不多于6克，需在调味品中标示“根、茎”字样。

闲来无事，买了带脚梗的鸡爪，剪去趾甲，冷水预熟，洗净、晾干，放入凉定的爊锅中一夜，乾隆年间的爊鸡爪味道在唇齿之间弥漫……

平望大三元汤

三元即乡试解元、会试会元、殿试状元。苏式菜馆常以肉圆、鱼圆和虾圆作三元汤，三元的大小，以苏州东山杨梅为标杆，大则不美。平望大三元汤亦以谐音成菜，三元分别为蛋圆、鱼圆、虾圆，“大”指大件如整鸡。

隋大业六年（610）开江南运河，自京口至余杭八百余里，河面阔十余丈，平望之地“淼然一波，居民鲜少，自南而北止有塘路鼎分于葭苇之间，天光水色，一望皆平，此平望之所以名也”。西汉王莽时，谏大夫钱林弃官隐于平望乡坡门里。唐初设驿站，名“平望驿”。全唐诗收录“海内名士”张祜之《平望驿》。历史上，平望曾先后归属乌程、吴县、吴江县等管辖。平望于明洪武元年（1368）建镇。清雍正四年（1726），平望一镇归属两县，清乾隆《震泽县志》记载：“运河过平望镇，进安德桥，出莺脰湖，入烂溪三十里，至溪东钱马头之斜港。凡地在西水门外至斜港之水之左者皆为东而属吴江，其在右者皆为西而属震泽。”

平望为苏嘉杭、沪苏湖水陆之要冲，南北有G1522常台高速、G524国道和江南运河，东西有G50沪渝高速、G318国道和烂溪、頔塘、太浦河。塘路纵横交错，大小湖泊与良田肥地星罗棋布，真乃“江南鱼米地，幽雅水云乡”。清乾隆三十年（1765），高宗纯皇帝第四次下江南，巡抚熊学鹏备平望“薄荷糕”以充御膳，皇帝赞滋味甚佳，“雪糕”之名不胫而走，现“冰雪糕”为吴江非遗。

平望独有的莺脰湖、大龙荡、长荡、庄西漾、长田漾、雪湖、唐家湖，与邻镇共属的长漾、雪落漾、张鸭荡、西下沙荡、东下沙荡、前村荡、南万荡、杨家荡等孕育了丰富的水产。因而，平望居民饮食偏爱鱼虾蟹鳝，炒虾腰、韭菜鳝丝、糖醋桂鱼、萝卜丝烧小鱼等肴馔脍炙人口。菜名大多平直朴素可望文生义。

苏州三元制作工艺颇为讲究，厨房术语为“制缔”。肉圆及虾圆为粗茸缔，肉圆缔子选用猪座臀，肥瘦分开切黄豆粒大小，再按一定的比例合在一起，口感以肥四瘦六较为合适。按肥瘦肉分量，加1.5%盐，2%绍酒，鸡蛋清及适量葱姜水，用手一顺搅至无水渍，再摔打上劲，从虎口挤出肉圆；虾圆缔子按虾仁75%，肥膘25%，切剁成米粒大小，按虾仁和肥膘分量，加1%盐，2%绍酒和蛋黄，一顺搅上劲，做成虾圆；鱼圆为细茸缔，以白鱼为上，草鱼其次，花鲢第三，白鲢第四。参照古法，五步成鱼圆：

第一步，制茸：取鱼柳，放入冰箱冷藏1小时；鱼皮向下放砧板上，用刀背将鱼肉敲剁成茸，再用刀刃将鱼茸刮下，剁刮交替。剔除鱼身中间会影响鱼丸的口感和味道的红色鱼肉，以剁后不见茸中有细小颗粒为优。

第二步，漂洗：将鱼茸浸泡在冰水中30分钟，用粗布或两层纱布滤去水分。

第三步，上劲：将沥去水分的鱼茸放入盆中，按鱼茸分量3%入盐（分二三次）和40%葱姜水，一顺搅打至鱼茸黏性十足，粘在手上不易掉落时，加2%葱姜香油拌匀，放入冰箱冷藏30分钟以上，放香油可改善口感、制作时不粘手以及鱼圆光滑。香油可为葱姜油、麻油，亦可用猪油。

第四步，制圆：另取一冷水锅，左手将鱼茸从虎口处挤出球形，右手用汤匙蘸冷水作铲，从左手虎口处铲下，轻轻移至水面上，鱼圆漂浮在水面即已成功一半。

第五步，制熟：将锅移至灶上点火，待水面有小水泡时换中火，用汤勺轻拂鱼圆，助其翻身，应始终保持水面沸而不腾的状态，见水欲沸时加冷水，反复三次，鱼圆即定型成熟，捞入冷水浸养。

苏式三元汤成菜方式：将原锅鱼圆汤水煮开后，再依次做虾圆和肉圆，制熟捞出。原汤加盐烧沸，撇去浮沫，再放入三元，烧沸，放入红嘴绿鹦哥，即可盛入汤碗中，淋鸡油或猪油上桌。

平望大三元汤的奥秘，在于炖鸡。取排过酸的老母鸡和少量火腿，冷水预熟后洗净，再按净鸡分量一比一取水，水必须淹没鸡。慢火笃汤，约一个半时辰。期间取白酒小盅，内壁抹荤油后倒入全蛋液，再嵌入搅上劲的粗茸肉缔，蒸结后脱模，即成蛋圆。如先放肉馅再注蛋液，则易露馅。待鸡汤绕屋飘香，再依次放入预熟的蛋圆、鱼圆及虾圆，煮沸，调味上桌。笃菜中途不可离火，须倒计时上桌。

好汤莫入蔬菜，切记铭记。

清蒸白鱼

白鱼是太湖名贵鱼种，鱼肉细腻可媲美长江鲥鱼。白鱼又与银鱼、白虾合称太湖三白。周顾吴中、苏州、无锡、常州、宜兴、湖州、吴江等环太湖城市，三白是太湖美食永远的招牌。

白鱼以清蒸最为肥美，在盐、油、葱、姜和蒸汽的作用下，达到李渔《闲情偶寄》的“鲜肥”要求。在吴江，清蒸白鱼出场的姿势是不确定的，这种不确定性就是店家的看客下菜。如八九人吃两斤以内白鱼，以整条鱼开连肚爿清蒸；鱼较大且人不多时，会只上半爿或一段（通常较大的白鱼会被开爿并分成头、尾及肉段各两份）；白鱼很大时，则肉段部分再细分，点单时问客人需要鱼头、鱼尾还是肉段，当然分档取料的价格也是测算好的。

然而，这样的店家不容易遇到。多年前，我和朋友二三人，到一家外地人开在太湖边的餐馆吃饭，见鱼缸有白鱼，就点了清蒸白鱼，关照服务员要个肉段。不料上桌却是整条大白鱼，于是与服务员理论：“我就要肉段，怎么上了整条？”服务员只能在厨房和客人两头传话，突然厨师长冲到桌边，用筷子将白鱼折成三段，撂下一句“按肉段结账”，只留我和朋友面面相觑，匪夷所思。

吴江是典型的水乡泽国，我生活和工作过的地方，都有丰富的水产品，白鱼以其细刺多而令人望而却步，而我和众多吴江人一样，不会如鲠在喉，主要诀窍在于不吃没暴腌的白鱼。暴腌过的白鱼，蒸熟后筷子轻轻一拨，黄鱼肉般的蒜瓣肉便散落在盘中，能很轻易地在盘中分辨骨刺。

不过，这样的品质可能会随着增氧泵的应用而从江湖消失。为何？

白鱼比较稀少，店家不是每天都能保证有，业界戏称缘分菜，有了增氧泵，可以为了不确定的生意而囤货。但白鱼的生命中片刻也离不开水，传统做法是第一时间宰杀、暴腌，临开餐洗净，装盘调味待蒸。

增氧泵再好，白鱼总有死的那刻，但因为有了增氧泵，厨师变懒了，“不死不杀”成为共识。鱼缸里的白鱼，大都处在生命临界状态，白鱼要是在晚餐后死亡，第二天必须重盐暴腌以作弥补，明眼人知道，蒸熟后若隐若现的粉红色在渗透着真相。

严格来说，人为地终止活鱼生命，并采取冰冻冷藏或腌制加工的鱼不可称为死鱼。有人分不清究竟，于是太湖边的餐厅里渐渐吃不到暴腌的白鱼，原因竟然是“上海人不喜欢暴腌”。

除非你得了亚硝酸盐妄想症，否则每一位味蕾正常的人都不会拒绝暴腌白鱼之美味。有人对我说你推荐的餐厅我们吃了不觉得有多好，我承认。那可能是亲疏，可能是偶然，也可能厨师知道我有传统美味强迫症，做菜稍微认真点；更可能店家根本不知道“客人有要求，按客人要求；客人没要求，则按传统做”的诀窍，我说得是不是有点多了？

如果你一定要吃来不及暴腌的鲜活白鱼，可选择红烧。

苏州馄饨

很多人喜欢吃馄饨，一碗热炙普烫、皮韧多肉、汤鲜爽口的大馄饨，解馋点饥两相宜。不过，我更喜欢荠菜肉馅的馄饨，正可谓青菜萝卜各有所爱。原本以为世间的馄饨区别只在馅料以及皮子大小厚薄之间，没想到被《调鼎集》打脸了。

清乾嘉年间，有一位寓居扬州的绍兴人，名叫童岳荐，他编撰的《调鼎集》中记载："苏州馄饨用圆面皮。淮饺用方面皮。"我向淮安冯祥文大师求证，他说用方面皮的馄饨及小馄饨在淮安都称淮饺。如此才两百来年，怎就不见了圆面皮的苏州馄饨了呢？这世界变化之大出人意料啊。

馄饨是相对于小馄饨而言的，馄饨与小馄饨是两个概念。馄饨，常见汤馄饨，亦有蒸馄饨、生煎馄饨等多种制法。前日还与老婆聊起油煎馄饨，在没有冰箱的年代，馄饨做多了吃不了，怕破皮或粘连，就将煮熟的馄饨在油锅里煎个底金黄，放在碗橱或用罩篮扣在桌上，小孩放学回来捡一二个空口白食。吴江的芦墟老街上有干拌馄饨，黎里古镇的多肉馄饨分干拌或汤两种，尝过之后，还是觉得馄饨皮子不够筋道且不香，馄饨的肉馅还得再嫩些。近年印象较深的馄饨是苏州胡盛兴面馆的馄饨，馅中的猪油渣功不可没。

童岳荐对吃颇为讲究，比如他说："人食切面类，以油、盐、酱、醋等作料入于面汤，汤有味而面无味，与未尝食面等。"我听着怎么像在批评苏州人重汤轻面？且看他是如何做“予独以味归面，面具五味而汤独清，如此方是食面，不是饮汤。”原来童岳荐是重面轻汤，若将其法用于面皮，则另当别论矣。

馄饨店若想与众不同，馄饨皮子必须自制或量身定制。轧面店所售馄饨皮子，一般含碱不含盐，搅拌及轧面皮不充分导致筋道不足且水分大，包馅后易粘在盘中，馄饨下锅易破皮。我在吴江宾馆吃到徐鹤峰大师指导轧制全蛋皮子的馄饨，一时间竟觉得有没有馅都无所谓了。新鲜的蛋液黏稠可使面皮更筋道，鸭蛋优于鸡蛋，面粉重量33%的鸭蛋液及1%的食用碱。店家如计较成本，可调整蛋液与水的比例。

再看童岳荐的汤馄饨皮：“白面一斤、盐三钱，入水和匀，揉百遍，糁绿豆粉擀皮，薄为妙。”馄饨常见，皮薄而又有筋道的馄饨皮不常有。擀皮时用绿豆粉替代面粉，大概也是为了皮子的爽滑吧。盐是筋、碱是骨，印象中老底子以碱水面条和碱水皮子为主流，碱香诱人。不知啥时开始主流不吃香，这面和皮子渐渐没了骨子，想找一碗称心如意的馄饨犹如大海捞针。

苏州馄饨的馅，以猪肉荠菜为经典。荠菜苏州音为霞菜，焯水后切成末子的荠菜与猪夹心肉各半，荠菜的清香在咬开馄饨的瞬间喷薄而出，十足的乡村田园味。猪肉亦可独与冬笋、茭白、芹菜、白菜、青菜乃至榨菜等作馅，要想肉馄饨好吃，童岳荐自有妙法：“其讨好全在作馅得法，不过肉嫩、去筋、加作料而已。”如：“取精肉（去净皮、筋、膘脂）。加椒末，杏仁粉、甜酱调和作馅。”这甜酱的作用除了酱香，还能提鲜。苏州馄饨提香很少用到花椒，我吃过西北汉子包的饺子，肉馅里浇了熬过花椒的油，很香。苏州传统芝麻油拌馅比较常见，板油渣粉碎后添入馅更是奇香无比。

馄饨馅宜猪夹心肉和座臀肉六四组合，新鲜买回后，先按𦝼理（肌肉的纹理）分隔，肥瘦分开，去除筋膜；然后分别将肥瘦切成绿豆大小的粒。接着，进入个性厨艺：

第一，肥瘦比例。肥四瘦六是比较适合大多数人口感的配比，剁细。

第二，主辅配比。主料为肉馅，辅料可以是蔬菜，也可以用虾、菌类、豆制品乃至榨菜等。主料一般以四成为底线，过少则馅心易散。以蔬菜作辅料，荠菜为佳，芹菜、鸡毛菜、韭菜等亦常入馅。一馅一菜，不宜复合。野菜、鸡毛菜、芹菜需在沸水中汆过，挤去水分，切细拌麻油待用。生韭菜切小，用盐杀一下，捏滗去盐渍后拌油待用。辅料用虾，则以口感较脆的新鲜海虾仁为宜，漂洗干净后，用虾仁分量 2% 的精盐一顺搅打上劲。

第三，馅料处理。先将肉馅入盆，放肉馅重量 1% 的盐以及少量生抽，分次放葱姜水（按照肉馅重量，取 25% 矿泉水，1% 葱及 1% 姜，葱姜入水，用手挤压，过滤取汁），用手一顺搅打上劲。再将配料入盆，拌匀，稍加摔打就可开始包馄饨了。

蔬菜汆水或腌渍，是为了去除多余的水分和苦涩味，拌香油是裹住剩余的水分；如想让馄饨有香菇味，除了放入涨发的香菇末，还可以将过滤净的浸泡香菇水替代矿泉水；葱姜水能使肉馅去腥矫味，消除肉夹气。如果不在意馄饨馅变色，也可以用破壁机将葱姜水粉碎后添入。尽量不要将葱姜直接下入馅心，那是最为低级的做法；如使用牛羊肉作馅心，可加少量花椒水（花椒用沸水浸泡，滤去花椒）。当然，你若特别喜欢麻麻的感觉，可以直接在馅料中拌入花椒油或藤椒油。

肥瘦比例以及放多少葱姜水，主要考虑到馄饨馅心的“嫩”，具体可视个人喜好而定。要想给馄饨提香，可以在馅料中加入少许炒熟的芝麻、焙干的香菇粉末等，也可以添加上好的猪板油渣粉，一切皆随厨者心意。

一碗馄饨端上桌，论卖相要皮不皱不塌不破，皮子吃到嘴里要结实而爽滑。除了皮子固有的品质，还得讲究下馄饨的章法："开水不可宽，锅内先放竹衬底，水沸时便不破。馄饨下锅，先为搅动。汤沸频洒冷水，勿盖锅，浮便盛起，皮坚而滑。"(《调鼎集·点心》)水宽则馄饨易在沸水中翻滚碰撞而破皮，且烧沸后少量冷水不能让汤水定滚，冷水多了再煮则又费时。竹衬底使得水沸均匀且水流不会湍急，先搅动锅中水再馄饨下锅，旨在让馄饨受热均匀而不使馄饨沉底。频频洒冷水即俗称的"点水"不让水沸滚，目的是增加皮子韧性和减少馄饨煮烂的几率。若馄饨皮子天生缺陷，可在水锅内撒些食盐，以增其筋道。

碗中添加猪油、葱花或青蒜末，馄饨起锅前舀入用鸡架和猪骨炖就的原汤勾兑的清汤，俟馄饨熟透浮起，爪篱捞出入碗，再在馄饨上撒紫菜、蛋皮和虾皮，苏州馄饨即闪亮登场。

不知何时，圆面皮的馄饨已经出现在老镇源的餐桌上。

酥鲫鱼的前世今生

老镇源自开业起冷菜便有酥鲫鱼，卖了五年多还在卖，有啥讲究吗？

鲫鱼生来是美味故事的主角，从来不缺关注。伊尹与商汤曰："鱼之美者：洞庭之鲋，东海之鲕。"鲋鲕均为小鲜，只不过鲋生淡水，鲕在东海。战国时庄子用"涸辙之鲋"怒怼不肯借粮救急的监河侯。北魏时，出现了"鲫鱼羹""蜜纯煎鲫鱼"等菜肴，南宋浦江《吴氏中馈录》有"煮鱼法"："凡煮河鱼，先下水下烧，则骨酥。"意思是冷水烧鱼骨酥。酥骨鱼之酥，不是松脆，而是像苏式月饼似的柔腻松软。

自元至清，多有文人笔记及菜谱论及"酥鱼"。元《居家必用事类全集》及《易牙遗意》记为"酥骨鱼"；明《宋氏养生部·饮食》："酥鱼，出徽州。干用，宜醋。"清《调鼎集》录"酥鲫鱼"，《醒园录》有"酥鱼法"，《食宪鸿秘》和《养小录》则为"酥鲫"。

元代《居家必用事类全集》系何人所作已无从查考，其用料、调料及烹调记录最为详尽："鲫鱼二斤，洗净，盐腌，控干。以葛蒌酿抹鱼腹，煎令皮焦，放冷。用水一大碗，莳萝、川椒各一钱、马芹、桔皮各二钱，细切，糖一两、豉二钱、盐一两、油二两、酒、醋各一盏、葱二握、酱一匙、楮实半两，搅匀。锅内用箬叶铺，将鱼顿放，箬覆盖。倾下料物水，浸没。盘合封闭，慢火养熟。其骨皆酥。"此一两为 31.25 克，一钱约为 3.125 克。碗、盏、握、匙只能酌情了。

《易牙遗意》为元明时吴郡韩奕所写，在江南一带颇有影响，清学者朱彝尊和顾仲均为嘉兴人氏，所著《食宪鸿秘》和《养小录》分别引用“酥骨鱼”：“大鲫鱼治净，用酱、水、酒少许，紫苏叶大撮，甘草些小，煮半日，候熟供食。”紫苏叶是食药双用之物，中医认为可解鱼蟹毒，有解表散寒、行气和胃的功能。撮，拇指、食指和中指三指取物。煮，指直接将原料放在多量的汤水中制熟。

清绍兴人童岳荐著《调鼎集》，言“酥鲫鱼”：“大鲫鱼十斤洗净，锅内用葱一层，加香油与葱半斤、酒二斤、酱油一斤、姜四大片、盐四两，将鱼逐层铺上，盖锅封口，烧数滚挚去火，点灯一盏，燃着锅脐烧一夜，次日可用。”

《醒园录》作者李化楠，是清乾隆年间进士，宦游江浙。其记录的“酥鱼法”只用酱油和香油：“不拘何鱼，即鲫鱼亦可。凡鱼，不去鳞不破肚，洗净。先用大葱厚铺锅底下，一重鱼，铺一重葱，鱼下完，加清酱少许，用好香油作汁，淹鱼一指，锅盖密。用高粱秆火煮之，至锅里不响为度。取起吃之甚美，且可久藏不坏。”葱鱼交替层叠之法甚妙，但“凡鱼，不去鳞不破肚”有违江南治鱼常理。

20世纪90年代初，大江南北及山东、四川相继出版菜谱，符合柔腻松软特性的“酥鲫鱼”，有《山东实习菜肴》《中国扬州菜》和《中国苏州菜》，“山东酥鲫鱼”鲜鲫鱼和猪肋骨、白菜帮用砂锅同煮，葱、姜、蒜、糖、醋、芝麻油以及酱油和清汤，煮开转微火炖至汤将尽，晾凉装盘；“扬州酥㸆鲫鱼”以酱瓜姜及大红椒丝丰富味觉和口感，酱油、绵白糖、醋，不用葱姜，芝麻油、绍酒和清水分别占治净鲫鱼重量的三分之一，鲫鱼经油炸后入砂锅，调味㸆一个时辰。㸆，指将不挂糊的主料先经蒸、氽、炸、煎等热处理，再加入配料、调料和汤，盖上锅盖，使汤汁收浓依附在主料上；“苏州酥鲫鱼”铁锅葱鱼交替层叠铺放，葱、米醋两公差，麻油、酱油、绍酒、白糖三等量且平分秋色与治净鲫鱼等量，姜片去腥，腌红辣椒丝改善观感及味道，不用水，微火焖煮两个时辰。

治膳之要，食材第一。清袁枚《随园食单》曰："鲫鱼先要善买。择其扁身而带白色者，其肉嫩而松；熟后一提，肉即卸骨而下。黑脊浑身者，倔强槎丫，鱼中之喇子也，断不可食。"买鱼，千万别买所谓的野鲫鱼，挑肚皮白及鱼脊灰者即可。

苏州口味要的就是糖、油、酒三者浑然天成，酥鲫鱼不需煎炸，米醋使鱼骨充分软化，故食用时无需出骨，我很喜欢酥鲫鱼以及垫在鱼下的香葱。

狮子头

狮子头，就是大肉圆，大肉圆却不一定是狮子头。《桐桥倚棹录》留存“大肉圆”菜名，疑类狮子头也。

能称得上狮子头的大肉圆，表面一定像旧时衙门前石狮子的头，凹凸不平。凹者为表面肥肉久炖溶化所致，凹者反衬瘦肉之凸者。所以，大肉圆表面凹凸不平者才可称狮子头。狮子头以其主辅料的变化，名称众多：蟹粉狮子头、鮰鱼狮子头、豆腐狮子头、蚬肉狮子头……

以当下狮子头的制作技艺在烹饪典籍中找寻吻合之菜，似《随园食单》及《调鼎集》合之。如《随园食单》“杨公圆”：“杨明府作肉圆，大如茶杯，细腻绝伦。汤尤鲜洁，入口如酥。大概去筋去节，斩之极细，肥瘦各半，用纤合匀。”纤即芡。乾隆甲辰年袁枚应邀赴粤东杨兰坡明府（知府），品尝了杨公圆、剥壳蒸蟹、鳝羹等颇为满意。再如《调鼎集》“大刣肉圆”：“取肋条肉去皮切细长条粗刣，加豆粉少许作料，用手松捺不可搓，或油炸，或蒸（衬用嫩青）。”刣（diàn，同“斫”），砍也。同书另有“葵花肉圆”只存菜名，幸清诗人林苏门（1748—1809）在其《邗江三百吟》中诗云：“宾厨缕切已频频，团此葵花放手新。饱腹也应思向日，纷纷肉食尔何人。”并序“葵花肉丸”：“肉以细切粗斩为丸，用荤素油煎成葵黄色，俗名葵花肉丸。”

何时始名狮子头是一个谜，但肯定不是唐代的郇公厨所为。今狮子头为淮扬菜经典菜式，用料及技法五花八门，若以本味衡量，则断然不能用辛香料。

做狮子头用什么部位的猪肉？硬肋。就是带长肋骨的肋条肉，肋软骨及以下部位一概不取。

肥瘦比例？首选肥瘦各半，退而求肥四瘦六。肥三瘦七那种口感偏柴。

放芡粉、生粉或蛋液吗？不放。

加些什么可以改善口感？添加辅材，必须考虑长时间烹煮后的状态、味型与主材匹配。狮子头整体口感嫩糯，放荸荠是默认模式，青苹果、雪莲果炖熟依然爽脆且回味甘甜，值得一试，也可加香菇、松茸。至于玉米粒、油条碎什么的就免了吧，不配。

硬肋略冻好下刀，先肥瘦分离，再分别切黄豆或绿豆粒大小，称分量按需混合，荸荠或青苹果切同样大小，约占猪肉分量的10%。

将混合后的肉粒放入容器，入葱姜水，猪肉分量1%的盐，先用手一顺搅拌，水分被吸收后，再双手掼砖坯似的摔打，粘劲较足时放入荸荠粒，搅拌均匀。为方便制作，可冷藏一两个小时。

取肉如网球大小，如传球在两手之间腾挪，使之结实。西风起时，可取蟹黄嵌入狮子头内。

制熟的方法有多种，煎炖、清炖、文火慢煮、煎烧等，喜欢原味者，可煎炖或清炖。

先用少许猪油，中小火将狮子头表面煎微黄激发肉香，取砂锅，锅底垫一张白菜叶防粘底，放入狮子头，注入清水，放入氽过水的肉皮，在狮子头上面盖一张白菜叶。大火煮开后，调至沸而不腾的状态，煲三小时。白菜鲜香回甘有利主材，盖菜叶可防汤水动静太大冲散狮子头。

若用青菜心配色，需另锅氽水，再入砂锅即关火。呈现在吃客面前的狮子头，移动砂锅时是晃动的，用筷子是夹不起来的。舀肉入口，哏之嫩如豆腐，肥而不腻。

突然觉得，那细腻绝伦的杨公圆不可能凹凸不平。

吴越回锅肉

每个地方都有一些特别的调味料成为这个地方的风味担当，比如太仓糟油、镇江陈醋以及一出场就侧漏乡土气的土酱。如若没有郫县豆瓣酱，四川回锅肉乃至整个川菜系都将是另外的滋味。清嘉庆年间，以红辣椒、蚕豆和小麦粉酿制而成的郫县豆瓣酱已实现量产，其味其色广受厨者和食客喜爱，坐实了川味调料的头把交椅。

辣椒是外来物，钱塘（今浙江杭州）人高濂撰著的《遵生八笺》在明万历十九年（1591）付梓，《燕闲清赏笺》之“四时花纪”记录：“番椒丛生白花，子俨秃笔头，味辣色红，甚可观。子种。”七年后，临川（今江西抚州）人汤显祖创作的戏剧剧本《牡丹亭》付梓，唱词中提到了“辣椒花”。又四十一年后，上海人徐光启编撰的《农政全书》付梓，记有：“番椒，亦名秦椒，白花，子如秃笔头，色红鲜可观，味甚辣。”明代时，崇尚本味的江南人能接受的辛辣程度，大概限于花椒。明代中叶，华亭（今上海松江）人宋诩撰《竹屿房杂部》记：“油爆猪，取熟肉细切脍，投热油中爆香，以少酱油、酒浇，加花椒、葱，宜和生竹笋丝、茭白丝同爆之。”甚辣的辣椒在清代开始逐步扩散，以至于“辣椒处处有之，江西、湖南、黔、蜀种以为蔬。”见吴其濬（1789—1847）《植物名实图考》。

中国财政经济出版社1981年1月出版的《中国菜谱·四川》将回锅肉列为肉菜类第一，以带皮猪腿肉为主料，辅料及调味料为青蒜苗段、甜面酱、郫县豆瓣酱、红酱油等。今川多取带皮五花肉，调味料以豆瓣酱为主，辅料则有青蒜、彩椒、洋葱、蒜苗、卷心菜、芥蓝菜、韭菜乃至锅巴等，无一不可。成菜汁红肉白蔬菜绿，诱人添饭的回锅肉责无旁贷地成为四川经典名菜。

以“油爆猪”为蓝本，取四川回锅肉的“灯盏窝”之形，以原酿秋油赋吴越酱香之味，乃成吴越回锅肉。带皮五花硬肋冷水预熟，定型、去嘌呤和激发猪肉本味。秋油是酱缸里第一次撇出的纯酿造酱油，黄豆与小麦粉比例合适的酱经过足够时间的暴晒，才会有可口的原酿秋油。“杭州四季不断笋，苏州四季不断菜。”按时令，蔬菜千变万化，韭菜、春笋、水芹、荠菜、豆苗、马兰头、金花菜、枸杞头、薹菜心、蒜薹、青蒜、茭白、鞭笋、茄子、藕、芹菜、包菜、慈姑、苏州青、萝卜、白菜、冬笋……

五花硬肋 300 克，时蔬 200 克，上好秋油一匙，葱姜绍酒白糖以及色拉油适量。五花硬肋整块放入冷水锅，放 3 片姜，2 根葱结，绍酒约 10 克，水沸再煮 5 分钟，取出温水洗净，换水焖炖，半小时后插筷试之，通透即熟，取出冷却，切约 6 毫米厚的薄片，长度一般为 6 厘米。蔬菜去老叶洗净，焯水，切大小长短合适形状。

旺火热锅，入油至五六成热，下五花肉片煸炒至灯盏窝状（川厨术语），烹少许绍酒加盖焖一会儿，开盖下秋油以及少许白糖续炒，放入蔬菜合炒，起锅。

不要理睬所谓的菜系，能够站得住脚的是目标受众喜欢的口味。

咸鱼翻身是风鱼

年前有农家乐老板送了一段咸鱼，是肥肥的青鱼。思量着怎么吃才好，突然灵光一闪，做风鱼。可能很多人概念中的风鱼就是咸鱼，其实不然，咸鱼腌制晒干为干鱼，干鱼作鲊为风鱼。

“鲊”字的最早解释是东汉刘熙的《释名》：“鲊，菹也，以盐米酿之如菹，熟而食之也。”比《释名》晚问世的《齐民要术》作鱼鲊第七十四有“作干鱼鲊法”：“尤宜春秋，取好干鱼——若烂不中，截却头尾，暖汤净疏洗，去鳞，讫，复以冷水浸。一宿一易水。数日肉起，滤出，方四寸段。炊粳米饭为糁，尝咸淡得所；取生茱萸叶布甕子底；少取生茱萸子和饭——取香而已，不必多，多则苦。一重鱼，一重饭，手按令坚实。荷叶闭口，泥封，勿令漏气，置日中。春秋一月，夏二十日便熟，久而弥好。”还说饭倍多早熟，无荷叶、无芦叶，干苇叶亦得。鲊怎么吃才好？涂酥油炙烤或烩煮皆可。

老吃客已经从以上文字中会意，鱼鲊以鱼为原料，鲜鱼或干鱼均可。这干鱼么，当然也是咸淡皆宜了，不然为何“尝咸淡得所”呢？！我还在背书包的年代，每年年后至清明节前，廊檐下的咸鱼干被父亲剪成四四方方的块，放入妈妈从百货商店里买来洗得干净敞亮的广口雪花膏大瓶中，再灌入铜罗糟烧，鱼干浸润其中，慢慢吸酒回软。一段时间后取出略洗炖在饭镬上，很香很香。元代苏州人韩奕所撰《易牙遗意》有“风鱼法”：“腊月鲤鱼或鲫鱼斤许者，不去鳞，只去肠杂，拭干。炒盐一两，连鳞内外擦过，腌四五日，剁碎葱、椒、莳萝，好酒拌匀，酿在鱼腹中。皮纸包裹，麻皮扎定，挂当风处。用时，微火炙熟。”知父亲乃治风鱼也。后来，但凡餐馆上咸鱼制品，我索其风味，再定夺不吃还是再吃。如法，亦可在干鱼上喷高度白酒，再晒干收储。

鲊离不开盐和米饭，风鱼少不了好酒和花椒。偶尔在吴江宾馆吃到风鱼炖肉，寻思五花肉加风鱼绝对不能达到如此境界，追问得知，徐鹤峰大师将“干鱼鲊法”和“风鱼法”合二为一，奥妙深处为知识产权。

风鱼是苏帮菜的代表性名肴，选肉厚无油的雄条子鲤鱼，不食鲤鱼之人可用青鱼代之。去头尾的青鱼干 2500 克，酒酿 500 克，馥珍酒 500 克，高粱酒 250 克，精盐 100 克，花椒 10 克。在立夏前将鱼干切作 5 厘米宽的小块。花椒浸在高粱酒中，回软后，将酒与花椒一同拌入鱼块中，一周后鱼块回软，即可装瓮。分层放鱼块，再将酒酿与馥珍酒调匀后逐层浇在鱼上，直至加满瓮，瓮口用箬叶扎紧后，再以泥密封，一月后即可食用。

上法取自《中国苏州菜 · 风鱼》。当下餐馆之“风鱼”冷菜，不可轻信。

虾　仁

苏州话虾仁与欢迎相似，故自带欢迎涵义的炒虾仁成为苏州待客的头道热菜乃天经地义。

吴地常见的河虾有两种，一种是罗氏沼虾，另一种就是今天的主角，太湖青虾。青虾一词出于《本草纲目》，动物分类为：节肢动物门，甲壳纲，十足目，长臂虾科，沼虾属。1884 年，这种自然分布于中国、日本、朝鲜半岛、越南、缅甸以及俄罗斯远东地区的生物被定名为“日本沼虾”，青虾有理没处讲。

青虾吃浮游生物和藻类生长，藻类较多的水域，如东太湖长大的河虾，煮熟后通体鲜艳红色。而藻类较少的水域，如西太湖的青虾，则红得比较勉强。太湖 2020 年 10 月 1 日起十年禁捕，据说全国较大湖泊同样待遇，如此池塘养殖的虾会否逆天呢？

色泽红的青虾，因为嘴边食物丰沛，不需消耗体力觅食，所以肉质相对较松；而藻类较少的水域，一般水深浪急，青虾肉质 Q 弹。

虾是一年四季有的，但苏州人硬将炒虾仁分出了春、夏、秋、冬四种。春天的明前、雨前，苏州出名茶碧螺春；秋季，是江南水八仙中苏芡的主场；而洞庭东西山的白果，贴的是冬季的标签。故而，春碧螺虾仁，秋芡实虾仁，冬银杏虾仁都是应季的大拿。而夏季，则非炒三虾不可。每年黄梅始，苏城较有腔调的面馆都会有三虾面供应，价格基本是近百元一碗的。

所谓三虾，即虾仁、虾籽、虾黄。将青虾分档取料是细活，苏州家庭基本都会做。三部曲为汰虾籽、出虾仁、剥虾黄：

1. 汰虾籽：抱籽虾买回后浸冰水，用牙刷将虾籽刷入冰水中，拣去杂物，用纱布包裹沥去水，每500克抱籽青虾约可得30克虾籽，晒干。

做虾籽酱油：将500克酱油、虾壳汤20克入锅煮沸，撇去浮沫，放入虾籽、白酒20克、白糖20克、生姜5克、老陈皮丝3根，微火煮至虾籽浮起，关火，冷却后捞出姜片及陈皮丝，装瓶。即成为虾籽酱油，捞出虾籽晒干，可用于清炒三虾。

根据大厨的经验，活虾买回来马上养在冰水里，不但可以提高出肉率，还方便出虾仁以及虾仁表面光滑。

2. 出虾仁：其手法难以描述，大致用拇指和食指挤压。一斤青虾可以出三两虾仁。

3. 剥虾黄：将虾壳煮熟，可以剥出抱籽虾重量2%的虾黄，约有120到160粒左右（视虾的个头大小以及不同时期估算）。

虾壳汤沥清，非常鲜。

虾壳和鸡蛋液、面粉、葱花一起调糊后，下油锅炸着吃。

以上是蒋洪的法子，一人一法，不能泥古不化。

炒虾仁，是苏州菜馆的招牌菜。既称招牌，品质一定是稳定且与众不同的。炒虾仁需要做很多前期准备，如虾仁挑去杂质后，在冰水中除去黑色虾线再漂洗约半小时，沥干水，将虾仁放入大盆中，按照虾仁净重准备2.5%的精盐。先入一半精盐，用手一顺搅拌（手指甲要短，不然虾仁尽碎），如手指甲较长可用筷子，不过效果差些。等到手感阻力较大虾仁粘手时，放鸡蛋清（每200克虾仁用一只鸡蛋清）并余下的盐，再搅拌至第一次手感时，加入微量生粉（每200克虾仁用5克生粉），搅拌的同时也可捞起摔打，再搅拌上劲至同样手感，在虾仁表面淋少许色拉油，放冰箱冷藏2小时。淋油是防止虾仁入油锅后粘连，冷藏既饧发融合又防止脱浆。

菜馆在炒虾之前先在四成热油中滑熟，再用干净炒锅放调味料炒匀勾芡淋麻油后出锅。家庭炒虾仁亦可将油温控制在四成热，大约 120 ℃左右。炒 30 秒即可勾芡。

盐分浆在虾仁中，故虾仁入嘴应有较明显的咸鲜味。

浆虾仁千万不可放小苏打，不然虾仁脆而不弹牙。

哪怕你很喜欢吃醋，吃第一口虾仁也请不要蘸醋，以便将虾仁原味记在舌尖。

涨发辽参

苏帮菜中有海鲜，但不是生猛做派。自从吴王阖闾命名石首鱼后，黄鱼始终是苏州人菜篮子中的重要之物，端午食俗中必须有黄鱼。明代中期王鏊所著《姑苏志》记载："土人置窖冰，街坊担卖，谓之凉冰……鲜鱼肆以之护鱼，谓之冰鲜。"除了冰鲜之物，有咸鲞等盐腌之物，还有干货如燕鲍翅参和鱼肚等。

《苏州教学菜谱·山珍海味类》收录了"十番刺参、眉毛白玉参、蝴蝶海参、鸡脯火腿烩海参、拌海参"等菜，"眉毛白玉参"以猪肉茸做成长7厘米中间粗两头尖的眉毛状肉圆配在自然界极为罕见的白色刺参，野生状态下灰刺参只有二十万分之一的概率基因遗传变异成白玉参。据说人工干预后海参灰变白的概率已大大增加。教学菜谱编著者之一的胡建国老师言"十番刺参"是辽参的一种，名称古老，就如《清稗类钞》将辽参称作"红旗参"一般。

中国人食用海参，最早可追溯到三国吴沈莹所撰《临海水土异物》，言"有三十足。炙食。"元代时，其味性、功用被世人认识，贾铭《饮食须知》曰："海参味甘咸，性寒滑，患泄泻痢下者勿食。"明谢肇淛《五杂组》："海参，辽东海滨有之，一名海男子。其状如男子势然，淡菜之对也。其性温补，足敌人参，故曰海参。"海参水发后称为水参，其重可至纯干海参的六倍乃至以上。辽参为上好刺参，其品质等级与"头"有关，"头"为每500克刺参的数量。一等不多于40头；二等为41—55头；超过55头的为三等。干海参一般呈现三种形态，淡干海参颜色正常，盐干海参颜色发白，糖干海参油黑色。建议购买不掺杂盐或糖的淡干海参。水发海参为典型的零碳水化合物、低脂肪食物，其肉质细嫩，易于消化，所以非常适合老年人与儿童，以及体质虚弱者食用。

涨发海参器皿首选陶瓷或不锈钢锅，不可用铜或铁锅；用水以矿泉水为上、纯净水亦可；必须保持水发用具、工艺以及环境的洁净。海参沾盐不易发透，油、碱、矾等易使海参腐烂溶化。

海参品种繁多，大致分皮薄肉嫩、皮坚肉厚和皮薄肉厚三种类型，对应的涨发方法分别为少煮多泡、火烤而多煮焖以及勤煮多泡。辽参属于第一类，聂凤乔主编的《中国烹饪原料大典》记载："皮薄肉嫩的海参，可用沸水泡一昼夜，至软后取出剪开肚皮，去内脏内膜，洗净后即可供烹调。参体未软的，可继续沸水浸泡或入锅煮沸后离火浸泡至软。治净后应即换水浸漂。"一昼夜是24小时，泡参之水非恒沸，不然海参烂如泥也。另有家庭暖瓶热水涨发：将干海参直接放入灌满沸水的热水瓶中，12小时取出，开腹去肠漂清，再用冰水浸泡冷藏一昼夜即成。需要提醒的是，海参既有养殖和野生之分，亦有生长年份之讲究。一般而言野生的以及生长年份长的肉质紧、营养更丰富。

需涨发的辽参数量较多时，多数厨师会选择冷热水交替涨发，即先浸泡回软，再将已经浸发回软的辽参在热水锅内加热（视情泡、焖、煮、蒸），促其吸水回软等。其法有二：

其一：海参清水浸泡一天，水煮15分钟左右，捞至开水中泡2小时，变软即可剖开腹腔择洗净，再煮15分钟，捞到开水中浸泡至参体柔软无硬心。再放回锅内煮开，捞到凉水中，慢慢吸水膨胀而变脆。

其二：清水浸泡12小时至初步回软，从腹部剖开，除去沙嘴、韧带（不能碰破参壁），洗净；锅内垫上竹箅，入海参并放入足量的清水，小火焖煮4—8小时，至发透为止，发的过程中随时检查涨发的软硬程度，挑拣出已经软糯抖动发颤的辽参放入清水中浸泡，低温存放。

涨发得恰到好处的辽参自然舒展而挺括、参刺完整而柔韧。可依日常用量分别用保鲜膜（袋）包装或浸在清水容器中，冷冻保存。

清代学者李光庭读《随园食单》，悟得“有味者使之出，无味者使之入”，将此颠扑不破之真理记于《乡言解颐·食工》。辽参烹制前先投入有绍酒的沸水锅焯过，既去其腥又便于烹制软烂。海参味性较淡，需入好汤文火焖㸆使其入味，如“十番刺参”以虾籽酱油鸡汤入味，“蝴蝶海参”“鸡火烩海参”等以熟火腿和高汤入味，“拌海参”则以糟油入味等。但时间不宜过长，否则形瘪易烂。

鸡汤、鸭汤或三件砂锅临上桌前可下整只刺参；浓稠卤汁如红烧肉汁或南乳肉汁可㸆之；辽参切丝可放入番茄蛋花汤或酸辣汤，亦可用糟油或芥末等凉拌；切粒可炒饭或煮粥。如蒙不弃，可与甲鱼南腿为伍，炖之……不必拘泥，随性就好。

郁香猪爪

百度上说郁香一般指郁金香，我说的郁香是郁香饭店的简称。饭店老板大名东方，是镇湖“八零后”土著，人称“东老板”。他与我徒儿青松同是镇湖人，且青松学校毕业后就在郁香饭店当学徒，那时东方尚未接父亲的班。

镇湖孕育和传承了蜀、苏、湘、粤四大名绣之一的苏绣，是中国刺绣艺术之乡。三十年前，流行将小尺寸苏绣当作开业庆典礼品，记得吴都大酒店三星挂牌时的礼品就用到双面绣的猫。怀揣着订单的客户大概率会受到镇湖人民热情的招待，刘国斌就是其中之一，他说三十年前他吃过郁香的猪爪，记得东老板祖辈的样子。东老板说当时的猪爪没有竖剖，而是横切成脚圈烧的。两只脚圈、一碗青菜再配一碗油渣豆腐汤是出差人的吃饭标配。

2018 年植树节当天，时任得月楼厨师长的陈军在高新区镇湖郁香饭店种下福田，收郁东方和冷伟国为徒，东老板为大弟子。陈军是苏帮菜第三代代表性传承人董嘉荣大师的二徒弟；大徒弟吕杰民是姑苏船点大咖，曾在《舌尖上的中国》第 2 季中出镜；三徒弟是震泽仁昌顺老板陆小星，其亲制的定胜糕与二师兄的松鼠桂鱼一起上了《舌尖上的中国》第 3 季。

郁香饭店菜式以味为先，有种不管白猫黑猫的感觉，但绝对是踏着时令的节奏。比如炒虾仁的盘中垫着马兰头，与碧螺虾仁异曲同工而乡土味更甚；再如盐拌大肠以香椿头结顶，拌和同食，奇妙无穷。

2019 年，郁香猪爪制作工艺列入第三批苏州高新区非物质文化遗产代表性项目，郁东方则理所当然地成为代表性传承人。东方的外公可能是镇湖最早的那一批餐饮个体户，一段时间后东方的爷爷从社办厂辞职与亲家一起打拼，东方的爷爷烧猪爪自成体系且追味者众，后来技艺和门店传给东方的父亲，再后来便由东方接班。

2021 年 3 月 2 日嘉禄、西坡和国斌等到吴江宾馆品鉴垂虹素宴，说起猪爪，自然绕不过郁香，于是隔日组团前往。问及从祖辈开始至今大约销了多少份猪爪，东老板答曰“六万六千八”。依店家规模、上座率以及有平台时不时地拼团郁香猪爪计算，此概数十分可信。嘉禄老师在他的新书《手背上的一撮盐》扉页画猪爪一盘及黄酒一壶两盅，题“东吴佳味，三代祖传”赠予东老板。若无意外，此书必将引领东老板进入新境界。

问及技法秘诀，东老板和盘托出。比如燎皮、出水，汤色用红曲、酱油、冰糖，每次煮一大锅猪爪，两百斤容量的大锅百斤起烧，烧煮的三小时内需分批投料、掌握火候之缓急，如此这般，就是同样的方法，谁又学得像呢？

你问我怎会这么喜欢吃猪爪？好吃啊。入味充分且表皮不带汤汁的猪爪可以当小吃，国斌兄喜欢胶质黏嘴感，故有温吃最好之叹。郁香猪爪上桌以焐酥黄豆点缀，若黄豆香味再浓几分不知又会新添几多粉丝？

难忘乡愁

撑腰糕

记述苏州节令习俗的《清嘉录》记载“撑腰糕”：“是日，以隔年糕油煎食之，谓之撑腰糕。蔡云《吴歈》云‘二月二日春正饶，撑腰相劝馊花糕。支持柴米凭身健，莫惜终年筋骨劳。’又徐士铉《吴中竹枝词》云：‘片切年糕作短条，碧油煎出嫩黄娇。年年撑得风难摆，怪道吴娘少细腰。’”

庚寅年二月初二，我联络了多家饭店在同里湖度假村举办撑腰宴，品鉴主嘉宾是陶文瑜和姑苏一叶两位老师，菜单沿用了六冷菜、八热菜、一汤、二道点心、一道甜品、一道主食的格式，特地将吴江待客三道茶搬了上去。

传统鳗鲡、天下第一粉皮以及木樨撑腰甜糕成为亮点。民间俗呼清蒸腌菜心为鳗鲡菜，腌菜心即用青菜菜苋腌制而成的黄腌菜，入菜油、白糖后炖在饭锅上，咸鲜甘甜肥腴，为素菜荤名；粉皮实为甲鱼裙边，乃荤菜素名；木樨撑腰甜糕乃过年用剩的年糕切厚片，两面煎软后加入红糖水略煮，起锅装盘后洒上糖桂花。

撑腰宴有踩着民俗节点，将各家大厨拉出来遛遛之意，厨房内由大厨黄云凌统筹，餐桌上各家总经理比较默记菜点长短，少不了回店后再复盘一二。吴越美食推进会以雅集的形式召集大厨同台献艺，收获之丰令人意外。

不知何年，震泽仁昌顺开始应时向饭店供应撑腰糕并逐渐形成风气，吴江各地志书均有记载食撑腰糕的习俗，如：

《震泽镇志续稿》：二月二日，家食年糕，谓之撑腰糕，云可免腰疼。

《盛泽镇志》“二月二”：食撑腰糕，俗云可免腰痛，手脚轻健。此节后，农村即准备插秧。明清时，逢丰收之年，好事者扎龙灯、马灯，扮活报剧，敲锣打鼓游行街市，称“出马灯”。是月，乡村集资演剧以酬谢神灵，称“春台戏”。食撑腰糕之俗，今仍沿袭。

《平望镇志》“二月二”：即农历二月初二，以年糕煎熬食之，谓之“撑腰糕”，俗云可免腰痛，此俗现仍有沿袭。

《黎里镇志》“二月初二”：吃撑腰糕。习俗认为吃了撑腰糕，能腰板硬朗，筋骨爽健。

《芦墟镇志》“二月二”：一般的农村家庭在此日都要制作“撑腰糕”，用糯米和粳米粉拌匀后，放入方形的木格（每格 16 块，也有 9 块的），然后蒸熟。“糕”与“高”同音，寓高寿、高升等意。“撑腰糕”的含义还在于农村妇女一年四季插秧收割耘苗、割草的弯腰活太多，据说食用此糕后可免除腰酸背疼，有健腰作用。此俗沿袭至今。

《同里镇志》“二月二”：农历二月初二日，俗称“二月二”。此日吃撑腰糕，是农村里广为流传的习俗。人们认为吃了撑腰糕，能使腰板硬朗，健身强骨，干活不腰酸。

《吴江县志》“二月二”：农历二月初二，农民将年糕油煎加红糖而食，相传吃了可以健身强骨，干农活不腰酸，故谓之撑腰糕。民间有歌谣：“二月二，撑腰糕，夹糖糯米加胡桃，小囡吃之增智慧，大人吃之铁腰板。”

吃撑腰糕是民间食俗，若有现成年糕或粳糯米粉，再加几分做作，你就是网红。

1. 现成年糕：切 1 厘米厚片；另取红糖入碗注入热水。平底不粘锅，入猪油，油化后转中小火，平铺年糕，煎至两面黄，倒入红糖水，大火收汁，撑腰糕先装盘，再将汁水浇在撑腰糕上。

2. 自制撑腰糕：粳米粉和糯米粉四六比，用热水和面，做到面团光、案板光、手光。饧发半小时，做成5厘米宽10厘米长的腰圆形年糕，蒸熟。冷却后再按上一条煎制。

清代光和（今苏州市）人袁景澜著《吴郡岁华纪丽》，言撑腰糕“于古未闻”。该书引《帝京景物略》：“二月二日曰龙抬头，以元旦祭余饼薰床炕，曰薰虫儿，使虫儿不出也。”祭余饼薰虫儿多浪费啊，变成撑腰糕不美么？！

至于“龙抬头”，已有人破解：龙即神马，为二十八宿中的房宿（天驷），房宿升起在地平线上，又恰逢二月二的，唯公元前2629年4月8日，亦即黄帝孙子颛顼登极元年。

这下，才明白不是所有二月二都能龙抬头的。不过，这并不影响我每年二月二早餐吃撑腰糕，白天抽空理个发。

冰糖桂花鸡头米

喜欢苏州，缘在情趣。在无钱不可买的时代，总有人应着节气时令的节奏，亲手做一些旁人不甚理解的事，比如腌桂花。

150 多年前，清代三世良医王士雄撰《随息居饮食谱》，言桂花："辛温。辟臭，醒胃，化痰。蒸露、浸酒、盐渍、糖收、造点、作馅，味皆香美悦口。"蒸露即蒸馏取花之精华，刚一转念香艳清冽扑鼻而来；浸酒则为寻常人家之法，当用黄酒或清酒。我品尝过在做酒发酵阶段将桂花融入的黄酒，香味优雅而持久，该合《蝶恋花·答李淑一》中的桂花酒。桂花冬酿酒是吴地妙品，在"冬至大过年"的苏州有着举足轻重的地位；盐渍和糖收，是存贮食物的理想途径，高浓度的盐或糖分，能灭绝有害细菌，使桂花保持良好的色泽；至于造点和作馅，江南人不该陌生，最让我念念不忘的是桂花糖年糕那清雅而高贵的香。

桂花和鸡头米都是秋天的应时佳品，江南最常见的桂花品种有金桂、银桂、丹桂和月桂，月桂花朵颜色稍白或淡黄，因四季都开花又称四季桂，香气积聚不够丰厚，鼻子凑近猛吸才能闻到淡淡的桂花味。历代民间皆视桂花为吉祥之兆，金桂、银桂和丹桂在金秋盛放，呼应月圆之夜隐约传来的吴刚砍树声，校园种桂花树意贺莘莘学子蟾宫折桂。家喻户晓的唐伯虎点秋香是虚构中的现实，秋天之香，谁敌桂花？以桂花为市花的苏州，必然有趣。

没有人会无视桂花花季的来临，桂花花苞初放时香气最浓，采撷宜在上午。以干净布帘铺地将桂花打落，拣去杂质平铺在阴凉通风处散去热量即可收储腌渍。腌渍可单用盐或糖。传统制作盐桂花有着非常复杂的工艺，需要梅卤和盐卤。青梅用食盐腌制 30 天后去核捣泥成梅卤，以净桂花分量 35% 的梅卤、9% 的盐卤与桂花拌匀，封入坛中 30 天后压干成咸桂花；再用与咸桂花等重的绵白糖拌匀装坛密封，30 天后成糖桂花。

吴江七都的腌桂花曾在《舌尖上的中国 2》露面，七都有左邻右舍轮流作东围坐在一起吃熏豆茶的习惯，腌桂花是衡量主妇手艺高下的重要茶料，除了熏豆茶，还有很多佐茶的点心乃至肴馔，在吃茶时聊一聊家长里短，比一比各家的茶菜，吃茶场合一般是娘子军的天下，男客或可体验一二。

七都的腌桂花需一种特殊的辅料，是一种与桂花同时期生长状如青橘的果子，花白色、生长在带刺的树枝上，果肉酸苦带涩味，当地人称“长枳”，学名为枳，又名枳实。枳实伴桂花，桂花色鲜艳。游笔至此，突然想起了将柠檬当苹果吃的那张娃娃脸。

将新摘的桂花在常温下晾，取花朵重量 15% 左右的枳实，瓤榨汁，皮切丝。将新鲜的桂花以及枳皮丝放入保鲜袋中，再放入花朵重量 10% 的盐，用双手搓揉至微微含露。取一大小合适的敞口洁净玻璃瓶，将腌制过的桂花、枳皮丝铺在瓶底，厚度以餐匙压实后不超过 1 厘米为宜，上覆同样厚度的白砂糖，层叠码压，最后灌入枳实汁，用白砂糖铺实最上层，密封瓶口，避免阳光直射和高温。待瓶中有汁水析出，移至冰箱冷藏，一月后即可取用。

将老冰糖用两倍水隔水炖化，放凉后冷藏。买回新鲜鸡头米，按每次用量，连水分装密封容器冷冻，用时提前自然解冻。鲜鸡头米经蒸晒制成的干鸡头米，其色米白，煮熟后口感略逊于鲜货。至于老鸡头米剪出的红色芡实，是没资格入甜羹的。

冰糖桂花鸡头米，是苏州小娘鱼的乡愁，也是高档宴会餐后清口的甜品。水煮沸，放冰糖水，尝味，下鸡头米，再煮沸约 20 秒，关火，盛入碗中，放桂花几许。

自带咸味的桂花，使此羹甜味醇厚，鲜香咂舌。

八宝绿豆汤

加上“八宝”两字，绿豆汤就不单是消暑的饮品了，甚至还与当下的饮食时尚沾边。可以晒到朋友圈或者抖音里的东西，该是源于生活而高于生活的。

小时候吃的绿豆汤很朴素、不花哨，绿豆是开花的，汤色是浑浊的，虽属家制，实乃消暑利器。当下市面上的绿豆汤五花八门，汤料花样层出不穷，各家的区别无非是谁家用料更考究，做工更精致。传统的苏州绿豆汤，由绿豆、糯米饭、果料、薄荷水、绵白糖等组成。一碗好的绿豆汤，糯米软糯适口、绿豆酥软、薄荷水无苦味、果料无核且口感有劲……追求精致生活的主妇，会将自家的绿豆汤打造得腔势十足而与众不同，提高了鉴赏能力的汉子则会对不入流的绿豆汤嗤之以鼻。时下年轻人大多不谙厨事，有时候我也希望在用筷用匙的场合听到“没我老婆做的好吃”或“我女朋友做的比这好吃”，都说胃肠是人的第二大脑，可以脑补爱烹饪就是爱家庭。

绿豆味甘，皮寒而肉平，无毒。可“补益元气，和调五脏，安精神，行十二经脉，去浮风，润皮肤，宜常食之”。乡下老农三、四月下种，苗高尺许，叶小而有毛，至秋开小花，荚如赤豆荚。据《本草纲目》，世间绿豆，大致可分为四类：“粒粗而色鲜者为官绿；皮薄而粉多、粒小而色深者为油绿；皮浓而粉少早种者，呼为摘绿，可频摘也；迟种呼为拔绿，一拔而已。”

冷水浸泡绿豆约三小时，洗净，或干蒸，或入沸水锅氽：水再次沸腾后三五分钟，把汤滤出，此时汤色澄清而碧绿，清热能力最强。再将绿豆换水煮熟。煮绿豆需用带盖的不锈钢锅或陶瓷砂锅，加盖煮，可避免绿豆中的多酚类物质氧化，免使汤色变暗发乌。不能久煮且不能用铁锅煮，金属离子往往会和绿豆汤中的多酚类物质形成“复合物”，用纯净水或在水中添加少许柠檬汁可使汤不变色。

夏日里的餐馆大抵会准备一碗绿豆汤给客人防暑，如回味微苦则明显用了薄荷精，家庭做绿豆汤可从药店买回薄荷梗，先在清水中回软，再上火煮沸后小火微熬；糯米淘洗干净，浸泡在清水中，直至没有米芯再蒸熟，不然冷藏后饭会回生；芡实烫熟；冰糖与水一比二隔水蒸化，收储。金丝蜜枣和脆梅去核，金橘饼去籽，冬瓜糖、山楂条切成合适的形状，分装。

半下昼烈日炎炎之时，取料入碗，冲入薄荷水。一碗色彩缤纷、酸甜冰爽、香脆糯嫩的绿豆汤呈现在眼前，此刻还很苏式的绿豆汤，如果再添入冰粉果、龟苓膏，则又是另一种风味了。

八宝饭和顺风圆子

苏州人大年夜吃团圆饭必须上八宝饭，八宝饭以糯米饭为主料，配以红豆细沙、蜜枣、莲子、松子、瓜子仁、红绿丝等。考究一点的，浇桂花糖卤再上桌。

受张瀚纪念馆所在地汾湖高新区芦墟街道东联村和区科协的委托，吴越美食推进会将“莼鲈宴”的试制项目落地在黎里协顺兴，冬季版大有年味的成分。以雅集形式邀请沪上及吴江诗词、书画界好友尝新，见沈嘉禄老师对八宝饭情有独钟，我便萌生以单品为年礼的想法。协顺兴施永华大厨是吴江宾馆派驻协顺兴的首任厨师长，他是厨艺功夫硬扎的高级技师，我最终与他商定了如下原料和制法：

原料：糯米、血糯、去核蜜枣、冬瓜糖、去核金橘、豆沙、糖猪油、瓜子、莲心。

步骤：

1. 糯米、血糯米（糯米7成，血糯米3成）混合，淘洗后浸泡至没有硬心（约4小时），沥干水分，蒸笼布浸湿挤去水，将糯米均匀铺在上面，隔水大火蒸20分钟左右，将瓜子及莲心拌入米饭；

2. 使用容量为400—500 ml的碗，先在碗里均匀抹上猪油。碗底摆放蜜饯果脯，装饭压实，中间挖凹潭，填入炒过的糖油豆沙和糖猪油，再覆盖米饭压实，上笼蒸半小时。

3. 八宝饭扣回餐盘，淋玻璃芡或糖桂花卤。

年前，大概送出了一百单八碗，反馈血糯硌牙，惭愧。相信会越做越好，比如这糖油豆沙的炒制技艺，已被我编入全科厨艺教程。

吃过年夜饭，煮饭盛入新竹箩中，置红橘、乌菱、荸荠诸果及糕元宝，并插松柏枝于上，陈列中堂，至新年蒸食之，取有余粮之意，名曰年饭。又预淘数日之米，于新年可支许时，亦供案头，名曰万年粮米（清顾禄《清嘉录》）。也有主家插杆秤以示家有余粮、称心如意。做好“万年粮米”，就可以开始抟粉做顺风圆子了，做圆子用糯米粉，沸水打浆揉粉，搓条，掐剂，再抟圆即成，放在干净的盆中，圆子上放一片红纸，上面再盖一条半干的毛巾，大功告成。

大年初一，起床漱洗定当，点火烧水，水沸，圆子逐一下水，其间用勺略搅以防圆子粘底，待圆子上浮，连圆子带汤舀入预先放了红糖或砂糖的碗里，热气腾腾的顺风圆子就做好了。我在朋友圈晒图：“吃一碗甜甜蜜蜜的顺风圆子，是老祖宗传承下来的习俗。”得赞无数，有朋友言她明天吃顺风圆子，原来是人在美国的震泽人，顺风圆子在别处可能就是小圆子。

旧俗“年初一，不喝粥”，盖因粥稀而让人联想到贫穷，于是寄寓一年顺风顺水的实心小圆子甜甜蜜蜜地担起了一年第一餐的重任。

做圆子也有技巧，要想圆子不开裂，一可打浆时多些沸水，二可借鉴宁波汤团工艺：约取糯米粉六分之一，先用沸水和成粉团，做成饼形；再取锅烧沸水，下粉饼，煮至浮起；捞出，与其他糯米粉一起揉搓，水不够要加热水，这种方法，专业名词叫煮芡法，目的是增加米粉成团后的黏性，这样做出来的圆子不会开裂。

黄天源陈锡荣老板说：老苏州的大年初一，上午的早餐和下午的点心比较讲究：早餐，吃糕汤桂花圆子（糕汤圆子），糖年糕切成丁和小圆子同煮，圆子浮起后放糖桂花；下午两三点钟，可以将糖年糕切片油煎，或者猪油年糕切片后裹蛋汁油煎，或者将猪油年糕切成条包在春卷皮子里油氽，外脆里糯，非常好吃。

我想，家里要是有年糕和圆子，又何必拘泥于年初一吃呢？！

八宝肚

腊月初，看到上海知名作家、美食大咖沈嘉禄先生在《八宝：舌尖上的八卦精神》一文中提到多年前在同里潜龙山庄吃到八宝肚，咂嘴回味，念念不忘。

猪肚是好东西，从前家里请客，必自带饭盒上饮食店买炒三鲜、糖醋粒肉等，肚片是炒三鲜不可或缺的风味。肚头肉厚尤显珍贵，是逢年过节时家里饭桌上的冷菜首选；热菜则青椒肚丝或咖喱肚片。而《本草经疏·猪肚》中记："为补脾胃之要品，脾胃得补，则中气益，利自止矣（注：利通痢）。"更为馋唠呸们吃啥补啥的说辞提供了依据。其实，爱吃是不需要理由的。比如苏州北门饭店的肠肺汤脍炙人口，吴江宾馆的肠肚汤堪称一绝，皆喜食者特别好这口而声名远播。

八宝肚起源于何时，不得而知。清康熙年间，嘉兴人朱彝尊曾任日讲起居注官，记载皇帝言行及修起居注。后著《食宪鸿秘》，肉之属有灌肚："猪肚及小肠治净，用晒干香蕈磨粉并小肠装入肚内，缝口入肉汁内煮极烂。又肚内入莲肉百合白糯米益佳。"这可能是八宝肚的雏形吧。八宝肚是乡厨妙品，逢年过节才可能登堂入室，地位稍逊于四大件（整鸡、整鸭、全鱼、蹄髈），在禽流感肆虐、无活禽交易时，八宝肚是理想的替代品。

以八宝讨口彩，外观宜红。制作八宝肚大致需要把握五个关键：

第一，备八宝料。入选的八宝料除了荤素搭配，还要兼顾口感、香味、鲜头、颜色和形状（切丁）等。如猪肉浆（肉糜放葱姜水搅拌）、鸭胗、冬笋、香菇、芡实、莲心、白果、栗子等，糯米要选用黏性较强的圆糯，淘洗后浸泡至没有米芯。糯米与猪肉浆起到黏合作用，猪肉浆、糯米与其他八宝料的比例，建议不少于四六。

第二，选肚洗肚。选购猪肚较厚，大小适中者。有纹理和白色脂肪的是外壁，表面腻滑的是内壁。用温水洗涤，剥去外壁脂肪后翻转，用白醋、盐揉擦 5 分钟，洗去滑腻物后再用干面粉和匀，10 分钟后洗去面粉。市售可乐是极佳的去油去臊水，可用于清洗内脏。

第三，冷水预熟。取炖锅，放入内壁朝外的猪肚，将餐盘倒扣在猪肚上，使肚淹入水中，加葱结、姜片、绍酒以及胡椒粒（高压时可继续使用），煮开后续烧 10 分钟，取出刮清表面，洗净。

第四，灌装缝线。按填充物总重，加约 5% 的提鲜酱油和盐（约 0.4%）灌入猪肚，填实，缝线不使填充料外泄。

第五，焖烧切片。将八宝肚放入高压锅，注大骨汤（或清水）淹过猪肚（餐盘倒扣压住），加生抽、老抽、八角、桂皮，压 30 分钟，关火。食前取出，趁热切片，不用浇卤。

加盖餐盘的目的，是避免猪肚与空气接触而产生色斑；胡椒粒是去除猪臊气的利器，一般一只肚子使用二十来颗，也可用花椒替代。

法制伏姜

研究美食，可从古籍中汲取养分，探寻古人饮食习惯及口味偏好。之前曾照着古方如法炮制鱼鲊和毛荣爊锅方，体察知味之妙。

去年三伏前，抄朱彝尊《食宪鸿秘》之“法制伏姜”给同里酱制品厂少东家叶佳，询问能否晒制。叶佳与父亲叶东升两人年复一年地做着苏式辣油辣酱、芝麻辣酱以及黄腌菜等制品，多年前我觉得他家的黄豆酱品质不错，助其申报吴江非物质文化遗产，又帮着改良了秋油提取和过滤的工艺，小叶也曾按《调鼎集》制作苏州酱油以及酱蹄等，入秋后不久，他送来一小包样子黑黑的东西，说晒了法制伏姜。咀嚼，下咽夹带着咸辛味的金津玉液，竟有神清气爽的感觉。之后，一有胃寒、头懵症状就嚼几片，顿悟应家中常备。

“法制”是中医术语，意为依法炮制，“伏姜”乃黄梅后伏天晒制的生姜。“姜不宜日晒，恐多筋丝；加料浸后晒，则不妨。姜四斤剖去皮，洗净晾干贮瓷盆，入白糖一斤，酱油二斤，官桂大茴陈皮紫苏各二两，细切拌匀。初伏晒起至末伏止收贮，晒时用稀红纱罩，勿入蝇子。”清代为十六进制，二两约为当今 62.5 克。此方不知可溯源至何处，所用为厨房常见之物。生姜能矫味去腥灭菌，桂皮茴香是苏州酱鸭的主味，紫苏最能祛鱼腥，陈皮是厨房高手调制风味之物。我突然脑洞大开，若用这浓缩了日月精华的伏姜与冷水预熟后的鸭腿同煮，该是什么味？闲时得试试。

朱彝尊（1629 年 10 月 7 日—1709 年 11 月 14 日），字锡鬯，号竹垞，又号醧舫，晚号小长芦钓鱼师，别号金风亭长，浙江秀水（今浙江嘉兴市）人。清朝词人、学者、藏书家，明代大学士朱国祚曾孙。《食宪鸿秘》只是他众多著作的沧海一粟，看他岁至耄耋，笃信“此姜神妙能治百病”。急打腹稿“不听老人言，吃亏在眼前”。陆游说“食必观本草，不疗病在床”。于是，再问计海虞（今常熟）缪希雍，其《神农本草经疏》记载：“生姜祛寒止泄，疏肝导滞；肉桂补命门，益火消阴；茴香辛香发散，甘平和胃；枳壳通利关节，止风通；紫苏除寒热，治一切冷气。”此五物均在国家《按照传统既是食品又是中药材物质目录》中，心中石头终于落下，不担心是药三分毒了。

法制伏姜所用酱油，为同里酱制品厂百里挑一的陈年秋油，经 600 目筛网过滤。清中医温病学家王士雄撰《随息居饮食谱 · 酱》言：“篘油则豆酱为宜，日晒三伏，晴则夜露。深秋第一篘者胜，名秋油，即母油。”此酱油他家年产不过五六百斤耳，传统工艺天然晒制，除黄豆、面粉、菌子、盐水之外零添加，殊为难得。

朱彝尊认为：“食不须多味，每食只宜一二佳味，纵有他美，须俟腹内运化后再进，方得受益。”法制伏姜乃助人运化的利器，所治百病为未病之病。

如意菜

进入腊月，就得踩着过年的节奏，做菜讨口彩是其中的核心。黄豆芽掐去根须神似如意，于是乎不起眼的蔬菜成了年菜中必不可少的如意菜。

简版的如意菜是黄豆芽和雪菜（雪里蕻）合炒的，如意菜辅料可荤可素并无定式，可以按心情及手边食材任意组合，取豆芽之爽口，雪菜之咸鲜，黑木耳之爽脆，海米之鲜，冬菇之香等。黄豆芽也可作冷菜，如民国时期常熟人时希圣的《素食谱》记载："腌黄豆芽：和清水入锅烧透，加下酱油食盐再烧一透，然后铲入钵里，中挖一潭，以香糟藏入麻布袋的里面，置于钵的中间，用盖盖紧，时隔一二小时之久，即可食了。"

东汉时成书的《神农本草经》中有"大豆黄卷：味甘平。主湿痹，筋挛，膝痛"的记载，大豆黄卷是晒干了的黄豆芽。想来，用这货烧肉会很好吃，黄豆芽也是自带鲜味的食材，可与白菜梗、蘑菇柄、蚕豆瓣、海带梗等一起吊纯素鲜汤。用大豆发芽作蔬菜的文字记载，始见于宋代的《山家清供》："洗焯，渍以油、盐、苦酒、香料，可为茹（俗呼能粗食者为茹）。"因豆芽色浅黄，故命名为"鹅黄豆生"。自然培育的豆芽，根须较多，色泽自然，气味清香，且大多脆嫩，芽杆比较细，顶上还会留有豆壳，折断芽杆，不会有水分冒出来。

黄豆芽富含维生素 C，胡萝卜素、尼克酸、维生素 B2 以及叶酸比黄豆成倍增加，其中的天门冬氨酸能减少人体内乳酸堆积，消除疲劳，与黄豆一样还有利尿解毒功效。

掐去黄豆芽的根须，在水中漂去豆壳，沥水；选用非暴腌的雪里蕻，洗净细切。近年，吃同里酱制品厂的黄腌菜上了瘾，味道更胜雪菜；如配油豆腐，可先一切为二，刮去内瓤，再切粗丝；其他配菜也洗净，切丝。如用到香菇或黑木耳，或放入密闭容器后加一半温水，猛烈摇晃 5 至 10 分钟，即可速成涨发。

旺火热锅，入油，油温高时转中火，下黄豆芽及雪菜煸炒出香，其他辅料视情或焯水成熟后加入，或分批炒制再合炒，略闪砂糖铲匀即可盛起，建议略加提鲜酱油以增乡土酱香风味。

原本用来讨口彩的如意菜，在年夜饭的餐桌上，因爽口而早早地清盘。

生日早上吃碗面

清晨热水洗头升阳，怀揣着老婆的祝福出门，精气神满满地开车驶过拥堵的街道，到单位食堂打卡吃面。坐回办公室时，QQ 上蛋糕鲜花满天世界，微信晒图，再得一大波祝福，感谢亲友。

吃生日面和平时不一样，区别在于不用门牙。在吴语中面音似命，不咬断面条，借喻面长命长。你能想到的不用门牙的吃面法，该是什么模样？含一头，一根吮吸的吃法是小孩专属；一筷进口再吮吸，是不怕噎着呛着的年轻人做派；夹一根面头哏在樱桃小口，再挑着面身一口一口进嘴，那是小资的年轻姑娘；将面条挑在调羹中，再用调羹送入口的，被港台风吹得不轻。

苏州面馆常见汤面、拌面和煎面三种。生湿面下锅一汆头，入少油锅两面煎黄，盛盘后浇淋带有烩汁的雪笋肉丝、虾仁等浇头，煎面在苏州的专用名为“两面黄”，意为正反两面都煎黄，两面黄有特殊的焦香；苏州拌面亦即吴江的干挑，助汁经挑拌滋润面条，不见余汁。拌面分热拌和凉拌，夏至开始，天气潮湿闷热，吃汤面会加剧出汗，凉拌面是不错的选择。凉拌面亦称风扇面，面条下汤锅一汆后捞出，拌以熬制过的素油，吹凉，随时取用，吃凉拌面需配一小碟提神开胃的糟卤，苏州“冬至馄饨夏至面”食俗说的就是凉拌面。

有人总结过吃的种种外延，如做错事怕吃毛栗子，拜见客户怕吃闭门羹等。人生在世，最怕别人眼里的自己“吃相难看”。讲究的人，才能吃出雅致的感觉。我的吃面三步曲，分别是闻味喝汤，挑面拌浇，顺溜吃面。

第一步，闻香喝汤。面碗上桌，先用鼻子感觉面香、汤香，纯正的面香是麦香，我喜欢淡淡的碱水面香。汤香的构成则复杂得多，香辛料、猪脂、酱油、胡椒粉等都应在可接受范围。不管是汤面还是拌面，不应有腥臊膻，不应有枯焦味，不应有浓烈的八角、茴香、白芷、丁香等香辛味。当然，该有葱香或青蒜香。

喝一口面汤。拌面可省此环节。手扶面碗喝汤，碗烫否？汤烫否？至今一如既往面碗很烫的面馆，要数张家港宴杨楼面馆了。唱戏靠腔，厨师靠汤。苏州面之所以能独步江南，焖肉、爆鱼面的汤功不可没。汤清而不寡，五味不偏胜。上次吃老严酱鸭面，同得兴老板肖伟民喝汤后脱口而出："汤中有酱鸭卤汁风味。"

第二步，挑面拌浇。将过桥的浇头盖在面上，浇头里的汁水将与面汤发生妙不可言的关系。从下部挑面，先将浇头翻在碗底，再将面条挑顺不缠结。生湿面长度一般不会超过 50 厘米，挑面时筷子要夹得少，并尽可能将面条提起。苏式面在出锅前是颠卷在观音斗内的，如果吃的时候挑面不匀，味道就不均匀，特别是拌面，挑拌均匀的面条每一根都应色泽一致。

第三步，顺溜吃面。为何要强调顺溜？吃面讲究爽滑，滋溜吮吸的前提是挑面均匀，面条外裹着油水。苏式吃面法，讲究动作连贯流畅，不可边拌边吃，筷子挑面入调羹再用调羹吃面，是损失热量的愚蠢之举。

挑离出数根面条，放回面碗成团，再整个夹起送入嘴中，是不用门牙吃面的雅致方式。吃生日面取其不断之法，隐喻长寿。

苏州糖粥

耳边传来动听的“笃笃笃，卖糖粥”的吆喝声，循迹过去，看到一副移动的骆驼担，隐约还听到骆驼担后童声的“三斤核桃，四升壳”……

“笃笃笃”，清脆而略带破涩的响声，将我的思绪拉了回来，骆驼担靠墙脚摆放着，发出响声的是挂在担上的竹筒，四节毛竹中的两节被打通，开了个长方形的孔，另两节留了半圆，吊在担上，竹筒似已有年岁，下方已经破裂。糖粥店老板的手上拿着与竹筒一般长的竹片，正悠悠地敲着。

容不得不规整的城市管理，令很多让人牵肠挂肚的小吃如同骆驼担般地退出历史舞台。苏州糖粥不仅仅存在于作家笔下，在苏州城的某些地方也有看起来不错的糖粥店。做糖粥是糊口的小本生计，第一代到第四代一直是师徒单传，到了第五代开了三支，第六代二支，陈先生硕果仅存。问起第七代，陈先生说自己没收徒，而师弟的儿子年纪比他还大。

瑞陆先生在开糖粥店之前，已开了很多年的卤菜店，直到几年前突然想起自己的身份，顿悟着在临顿路大郎桥西小太平巷 7 号开了每天只做 300 碗的糖粥店，除了糖粥（糯米粥）、鸳鸯糖粥（赤豆糊和糯米粥）和三品糖粥（赤豆糊、糯米圆子、糯米粥），店内也有烧卖、桂花糖芋艿、大小馄饨等小吃，做得中规中矩，不过他店里用两层皮子做成的水晶小笼，我是第一次吃到。

见我对趟水圆来了兴趣，瑞陆先生便将桥凳调整了位置，趟箕中有大小不一的粉圆，他加了一勺糯米粉，重复着洗帚轻洒水滴和双手推拉的动作，趟箕中的圆子便多了起来，舀出了大的，再继续……圆子口感软糯，我想着除夕夜做初一早上吃的顺风圆子也可以如此这般。

我点了招牌三品糖粥。盛粥时，粥碗倾斜，先糯米糖粥，再赤豆糊，糯米圆子最后盖在上面。拍照后舀匙便吃，隐隐觉得少了什么，瑞陆先生见状忙拿过来一只紫砂茶壶，在粥上倒了一二滴桂花蜜，顿时感觉什么都值了。桂花蜜是用鲜桂花和白砂糖腌制在瓮坛中，第五年才可滗出蜜汁，第六年又在此瓮坛中复加桂花及砂糖，年复一年。

旧时，骆驼担不会出现在炎炎夏日，大热天的糖粥易馊，再说苏州人历来讲究不时不食，谁会在夏天不嫌热再喝烫嘴的糖粥呢？不知没了骆驼担的糖粥店，还是不是坚守着夏天不煮糖粥的规矩？

我觉得糖粥还可以做得精致些，可那个貌似戏骨刘佩琦的人说就要做五十年前的那个味道，如果你哪一天路过，请不要错过。

吴酸蒿蒌

“吴酸蒿蒌，不沾薄只。”出自《楚辞·大招》，作者屈原，一说景差。蒿蒌即蒌蒿、芦蒿，吴酸蒿蒌，是指吴地人用蒌蒿做的酸菜；不沾薄，指味道不浓不淡。只，表示终结或感叹。没有关于吴酸的更早记录，吴酸能入《大招》，盖因楚占吴越之地，吴之特产遂成楚祭。楚国灭越是公元前 333 年，公元前 223 年秦吞楚。也就是说早在二千多年前，吴酸蒌蒿就已经名扬天下。如是屈原所作，时间甚可框定在公元前 333 年至公元前 278 年。

蒌蒿属野菜，有芦蒿、蒌蒿苔、女蒿、捋蒿、蒿苔、泥蒿、藜蒿、水蒿、水艾等异称。烹饪前应捋去叶子，可以烫熟后切碎，用酱油、麻油、白糖等调味，凉拌食用。也可寸段与茶干丝或配荤料如肉丝、鱼丝、鸡丝等合炒。清薛宝辰《素食说略》说蒌蒿：“生水边，其根春日可食。以酱油、醋炒之，清脆而香，殊有山家风味也。”云南有“藜蒿炒腊肉”与安徽“蒿苔炒咸肉”极具地方风味。《神农本卓经》及《本草纲日》中称“白蒿”，中医认为其利膈、开胃、行水。民间用治传染性肝炎，并认为春日食之可消寒气，祛百病。

有学者认为《楚辞·大招》里的吴酸蒿蒌，是以“齑”的面目出现。《周礼·天官·醢人注》：“凡醋酱所和细切为齑。一曰捣辛物为之。辛物，姜蒜之类。”旧时，齑的出现较为频繁。北魏时，贾思勰所著《齐民要术》“八和齑”恐为齑之经典，以至于后来吴地进贡隋炀帝鲈鱼鲊时，被誉为“金齑玉鲙”。所谓金齑，即是栗子黄与橘皮捣成的颜色。“八和齑”制法为蒜子一两，其中半两焯水，生姜去皮一两，鲜橘皮一两，白梅八颗，熟栗子黄十枚，粳米饭鸡蛋大小；用臼，先捣白梅（连核）、姜、橘皮为末，取出。再捣栗、饭，渐下生蒜，焯水蒜，下盐复舂起沫，下白梅、生姜、橘皮再舂。下醋调成薄汁。“脍鱼肉，里长一尺第一好”，里长，去头去尾之肉段也。

曾设计金齑玉鲙：花鲈柳腌渍后贴一张紫苏，网油包裹，两面煎至金黄，配“八和齑”蘸食。弟子青松吃不准白梅是啥。白梅亦称盐梅或霜梅，“大青梅以盐汁渍之，日晒夜渍，十日成矣。久乃上霜。”（《本草纲目》）“梅花早而白，杏花晚而红；梅实小而酸，核有细文，杏实大而甜，核无文采。白梅任调食及齑，杏则不任此用。”（《齐民要术》）本味鲈鱼合“八和齑”之味，在咀嚼的瞬间，鱼香夹杂着各种滋味及气味，一发不可收拾地在舌尖弥漫。

元代，平江（今苏州）人韩奕著《易牙遗意》录有“暴齑”：“菘菜嫩茎汤焯半熟，纽干，切作碎段，少许油略炒过，舀器内。入淡醋少许，窨少顷，可供。”菘菜即白菜，窨可理解为菘菜吸收醋香。阅此，不禁想起小时候厨房墙角的盐齑菜。冬天，晾蔫了的雪里蕻或尚菜，先搓盐，再菜根抵着陶缸边，一层菜撒些盐脚踏结实，终了压上础石，旬余，菜香飘然，再忍一旬便可开吃。盐若少放，菜易变酸，却也十分的开胃。春天，则用菜薹制作黄腌菜。晾蔫的目的，是提升口感脆度。盐齑卤煮螺蛳、毛豆结、毛芋艿、慈姑、茭白……无所不能，绝对是天然无公害调味料。

明宋诩《宋氏养生部》卷五菜果制有22种制“齑”法，食材涉及老白菜、芥菜、芥菜心、白萝卜、胡萝卜、豆腐、莴苣、蔓菁菜根、面筋、熟笋干、木耳、茭白、藕、菠菜、青菜、绿豆芽、熟茄、韭黄、冬菜等，满眼酸爽。

在春天，可选嫩蒌蒿“暴齑”，配氽熟的塘鳢鱼片或桂鱼丝，其味最合春天气息。

袁记生禄斋之栗酥

清乾隆三十六年（1771）中秋前，芦墟落第秀才黄渭阳开了一家前店后坊、经营江南茶食和糕点的铺子，取名“黄生禄斋”，选在月饼需求量巨大的中秋前开业。功夫不负有心人，黄生禄斋的月饼赢了口碑，成为四邻八乡馈赠佳品，相传乾隆四十五年第五次下江南后，黄生禄斋月饼成为进京贡品。此后，店中悬有“分溪第一”青龙招牌和“提选南货，进京茶点”的匾额。

做茶点，需要厚重的木桌板，统领技术者，褒称“把作师傅”。黄生禄斋的第一任把作师傅是老板的表兄徐生官，传统学徒制有着严格的师承关系。1956 年，黄生禄斋、懋福和、协隆、工记等四家南货店和稻香村糖果店、三乐工场一起合并为公私合营芦墟南糖商店，1967 年上升为国营芦墟糖烟酒商店。1980 年，20 岁的袁小春被分配到糕点工场，成为俞文斌的关门弟子。1984 年糕点工场升格为食品厂，糖烟酒商店复名为生禄斋糖烟酒商店。天赋加勤奋，袁小春的手艺在师兄弟三人中脱颖而出，25 岁成为把作师傅。改革开放后，西式糕点以及大企业机械化食品生产发展迅猛，挤占了传统食品作坊的市场份额，导致传统食品经营日趋式微。1993 年的转制大潮，促成袁小春接盘工场，生产袜底酥、栗酥、酒酿饼、月饼、百果糕、八宝饭等传统食品，维持着芦莘厍等地乡邻日常和年节的供应。

2012 年，生禄斋苏式月饼制作技艺列入第五批吴江非遗，次年又被列入第六批苏州市级非遗。生禄斋月饼从徐生官到袁小春，两百四十余年间完成了九代传承，袁小春成为吴江非遗代表性传承人。2014年6月，我参加吴江非遗制作技艺同里展示活动，见生禄斋演示制作芝麻印糕，尝了一块馋意顿生，买了两盒，与家人分享，吃到最后一块，才想起这是茶食，当饱吃简直暴殄天物。同年，9月底的第十二届吴江美食节小吃联展，黎里冯记油墩、老街套肠以及生禄斋成为媒体宠儿，都取得了喜人的销售业绩。又两个月后，生禄斋从芦墟迁入黎里古镇，因他人抢注了原字号，无奈中以"袁记生禄斋"在古镇上岸穿井坊坐南朝北三开间门面招呼新老顾客。黎里古镇中心市河东西向，河两侧为临水或面水民居及商铺，街在河之北者为上岸，街在河之南者为下岸。

袁小春是袁黄第十五代后裔，吴江了凡文化研究会理事。读过《了凡四训》的朋友一定记得在第一篇立命之学中有一个转折点，就是袁黄栖霞山访云谷禅师，受其点化，见功过格而顿悟，遂改号了凡。在袁小春的潜意识里，祖先的功过格，是叩问良心的绝对利器。其父也常教导"勿以善小而不为，勿以恶小而为之"。袁记生禄斋日常供应的三四十种茶食糕点中，技术含量最高的，不是苏式月饼，而是"栗酥"。栗酥与重麻酥糖、猪油酥糖、玫瑰酥糖等组成酥糖家族，世上有各式各样的栗酥，但在袁小春眼里，生禄斋的栗酥是一个至高无上的存在。他跟着俞师傅学徒三年，才允许学做栗酥，刚开始就遭遇滑铁卢，在擀饴糖时擀筒用力不均导致擀杖毁损，师傅虽没言语责怪，但眼神犀利，令人不寒而栗。袁小春说，自那以后，师傅的眼神无时无刻不在周围。

他女儿袁婷说自己已经掌握了袁记生禄斋苏式月饼皮层薄而酥松、馅料甜而不腻的全部制作技艺。但做栗酥还没有练出擀饴糖的巧劲，只能打下手。栗酥里的饴糖，起到黏合屑子（米粉、糖粉、芝麻粉等）的作用，烧饴糖的讲究，全在老嫩适度；将饴糖擀平摊薄，洒屑折叠，继而再擀平推薄，周而复始；浓墨细勾蓬莱境，猪脂粉屑伴饴糖。下了真功夫的栗酥，牙齿咬到饴糖脆爽像吃生栗子，而吃到嘴里香酥又像吃熟栗子。袁记生禄斋 70% 营收来自传统食品，熟客最喜欢重复消费的，一盒 25 元的栗酥（6 包 ×2 块）首当其冲，火腿腐乳和芝麻印糕紧跟其后。每年腊月二十七至三十，芦莘厍等地祀祖馈亲需要机器无法生产的百果糕、酥糖等，老袁就会毅然前往以解乡愁。

饮馔随笔

阿昭薰烧

薰烧即卤菜，卤菜店为集市街巷所常见，大抵为前店后坊，亦有木框玻璃柜子安装于三轮车上沿街售卖者，供应的品种因地域及季节而有所不同，大致有白斩鸡、牛肉、烧鸡、小爆鱼、酱鸭、卤鸭、盐水鸭、猪头肉以及鸭肫肝、鸡脚、猪大肠等，隆冬季节还应有猪头糕应市。昆太常的朋友可能会诘问：怎么没有爊货？太仓、昆山、常熟等地的爊鸭、爊鸡、爊鹅等爊味沁人肺腑，记得吴江宾馆的雅味阁开张时，特意推出爊鹅，却反响不追预期。近几年经常吃到昆山天香奥灶面馆刘锡安大师的爊鹅，深深觉得爊货值得在全世界推广。

老人说熟菜摊头上的卤菜是过饭的，口味较餐馆的冷菜要重。卤菜很少以本味示人，八角、桂皮、茴香、白芷、丁香等辛香料是常备之物，早年间卤菜摊主凭几张方子作卤汤，风味变化不多而成定式。苏州卤鸭选嫩鸭用红曲粉调色，勾人食欲；而吴江的酱鸭更接近嘉兴做法，传统选用生过蛋的麻鸭，其肉不多被称“鸭壳络”（喻空有架子而无肉），优点是肉紧耐嚼连骨头都是香的，徒弟鑫荣烧的酱鸭因工艺以及辛香料用法特殊而堪称一绝，“老严酱鸭”成了老吃客的心头好。大约 20 世纪 80 年代始，卤菜摊上出现了体大丰满的酱鸭，那是白羽的樱桃谷鸭，皮下脂肪丰厚而口感肥嫩。

从前卤菜摊点少，两三样熟菜在一处买全。后来吃客门槛精了，能分清东家的鸭好西家的鸡好，在吃客潜移默化的引导下，东家或西家也逐渐调整品种结构以取悦吃客。比如你去古镇黎里会发现竟有做单品卤味的店家，比如黎里协顺兴西隔壁的老俞套肠。辣鸡脚在成为黎里的地标名片后各家争奇斗艳，里人谓苏记入味良、王记品相好。

我对卤菜的认知比较晚，记得工作之前家里就是来客也从没有买过熟菜。80年代初我和同事出差东北几十天，有一天熬不住鸡西市卤味摊的色嗅之诱，每人吃了一只猪耳，不想得动用黄连素才压住阵势，真是因馋遭罪。

20世纪90年代初的某天，我从托儿所接了儿子，顺道在流动摊点买了十几块钱的带梗鸡脚解馋，平素节俭惯了的老婆心疼那三分之一的月薪，儿子在一旁啃着鸡脚看妈妈“斗私批修”。又过了两年，一天晚饭后带儿子去看望利民兄，正在自斟自饮的他喂我儿吃了几片鸭肫肝，好记性的儿子成年后见面照样称呼“肫肝阿叔”。再后来家里条件逐步改善，也会不时地买些诸如黎里辣脚、老严酱鸭、小爆鱼等打打牙祭。

儿子想做卤菜单品集合，问注册商标取啥名，我脱口而出：阿昭薰烧。阿昭是清晚期在苏州玄妙观一带售卖薰烧的生趣之人，民国期间徐珂著《清稗类钞》第五册有“苏人阿昭卖薰烧食物”条，全文如下：

> 苏人有售薰烧猪、鱼、鸡、鸭等物之名阿昭者，日持盘往来玄妙观前之万全酒肆，其所售猪鱼精美异常，人争买之，晡时便尽。然阿昭所作有恒度，或劝何不多作，日有赢余，亦可经营致富。阿昭曰：“人之所以为人者，须有生趣。吾不多作，使得有余闲，足以自娱。且于其时可承欢于吾母，得叙天伦之乐也。又天下生计，须天下人共之，何可恃己之能，夺人食耶？”噫！士大夫之能若是者有几人耶？

生趣，即生活情趣。晡时即申时，又名日铺、夕食等，即下午三时正至下午五时正。倘若为名为利而自己当牛作马，又岂能说为家里好？天伦之乐当须自在，最佩服阿昭知足常乐有生意大家做的胸怀，若在顶梁柱积劳成疾时才说生意做不完不着急是不是太晚了呢？！

生意场上不能比谁更拼命，钱是赚不完的，身体和生趣才是最重要的。取名“阿昭薰烧”，是寄语以悠然心态做至味卤菜。

抱抱的首秀

抱抱是我孙女，己亥年三月二十，儿媳晒了一组抱抱做菜的照片，说是家庭作业，一起做一道青椒菜。第一张抱抱切青椒，专心致志；第二张右手拎油壶，左手托壶底，小心翼翼；第三张左手扶着炒锅柄，右手轻握木铲，神色凝重；第四张双手托着餐盘，乌溜溜的大眼睛里流露出“怎么样”的神情；第五张右手握筷，眼睛端详筷足上的牛肉，小嘴在吹气；第六张是抱抱和抱抱爸、抱抱妈的自拍，我喜欢抱抱无邪的眼神，那年抱抱六虚岁。

江南的小孩从来不会拒绝鸭舌，抱抱也是。桌上菜肴再好，只要有鸭舌就目不斜视，一有机会我也投其所好，单点一份鸭舌给她。那天，饭店讨巧，上了一盘麻油味的鸭舌，她尝了一下就放下了。抱抱对食物的挑剔，是超出我的想象的。鲜活且个头不怎么大的河虾，白灼或盐水煮熟后剥虾仁给她吃，也不会多于十粒，完全没有抱抱爸可以囫囵出壳吃一斤虾的气概；有一阵子，喜欢吃老镇源的樱桃肉，称之为姜啸波的肉；对肉包子的要求近似苛刻，姜末葱花是不能混入其中的，有时甚至不吃肉馅，只吃被肉汁浸润过的包子壳，看此情形一定会下“被惯坏了”的结论。可是，她却喜欢吃粥和萝卜干。不到五周岁的她，在幼儿园里吃午饭，基本不吃菜。

煮个肋排汤，撕个清炖鸡腿或者炒牛肉，是她这阶段的选择。幼儿园老师布置回家作业，要求家长配合做一道青椒菜，她和妈妈想到用青椒、牛肉和胡萝卜做菜，成菜后她说“做菜真不容易，真辛苦”。后来，我们语音聊天，她说爷爷你下次来我们家我做给你吃青椒牛肉胡萝卜，这个很好吃的。她说：“这次我用小刀切、妈妈用菜刀切，盐是妈妈放的，不过咸了点。”

真心从三个方面佩服幼儿园老师，一是以青椒破解了怎样让娃娃吃蔬菜的难题。人体由细胞组成，连结细胞的是细胞间质，细胞间质的关键成分是胶原蛋白，而人体胶原蛋白的合成需要 VC（维生素 C），青椒 VC 含量较为丰富。VC 摄入缺乏将影响骨骼、血管及韧带生长；二是引导家长培养娃娃兴趣。亲子烹饪，可促进家庭关系，提升娃娃的动手能力，家长从旁的鼓励和表扬，更能激发娃娃的热情，也能让娃娃体会到大人的辛苦和无私付出；三是拓展了小朋友的思维。我问抱抱，有没有小朋友做青椒炒蛋，她反问你怎么知道。老师用一只青椒，向小朋友展示了多种可能。社会多元化必定形成多元文化，多元文化必将带来价值取向的多元化，只要对社会有益，我们大可以社会学家费孝通先生的十六字箴言坦然处之：各美其美，美人之美，美美与共，天下大同。

家长千叮嘱万关照，不及老师一句话。在我国“饮食教学”尚未萌发之时，翰林幼儿园的动作，无疑对社会有益、对家庭有益、对小朋友成长有益。

初夏，小朋友的蚕丝之旅

安可添宝后几乎成了全职奶爸，他在大宝九个多月大时，就网购蚕种，在家里养起了蚕宝宝，结茧后问我哪里可以看到抽丝剥茧？唯一推荐：中国丝绸小镇——震泽。

他是位任性的吃货，没结婚前经常坐飞机去吃别人说好吃的东西，有时我稍微提前预告，他肯定会踩着饭点赴约，安可对吴越美食的喜欢，也是我不停做功课的动力。丁酉年初夏，安可说要会会老朋友，顺便充实小孩的蚕桑知识。到吴江时太阳正旺，就随小孩子的作息习惯，相约下午五点去苏州湾看太湖。小孩眉清目秀惹人喜爱，在爸爸的引导下会说："蒋会长好，久闻大名，如雷贯耳。我是浣熊宝宝，我两岁了。"伸手抱他，竟然大方地伸开双臂。心想，一定是大人的潜移默化，让小孩觉得我是可信任的。平时家长谈论某人时没有尊敬感，临时抱佛脚让小孩称呼，小孩肯定会逆反。

晚饭在协顺兴，请大厨陈长红安排了清炒虾仁、葱椒桂鱼、松茸明月盅、黄蟹炖肉末、毛豆子鸡块、蛋炒饭以及鲜肉烧卖等。清炒虾仁经李俊生大师亲授指点后，出品口感确实非同一般，朋友太太夸张地说从来没吃到过这么好吃的。这话肯定有水分，不过看宝宝舍我其谁的吃法，我默认虾仁做得很好。葱椒桂鱼，是协顺兴从吴江原 23 个乡镇中筛选出来的同里美食，斤半的桂鱼暴腌、略煎后白煮、收汁时加入大量葱末，居然也对浣熊宝宝的胃口。安可说，孩子在杭州不管进哪个餐厅，都没这状态。

第二天中午吃饭安排在庙港的老镇源，在吴江宾馆大堂接引时，安可说昨晚好不容易到很晚才将小孩哄入睡，夫妻二人再溜出来吃太湖龙虾，比杭州的好很多倍。说对了，吴江人对龙虾的要求是超乎寻常的，至于是不是太湖龙虾，不好断定。

老镇源的餐前水果是应时的青皮绿肉瓜，冷菜有酥鲫鱼、白切鸡、针口鱼、庙港豆腐干，菜点为盐水河虾、冰醉龙虾、面筋笃鳝、野笋虾饼、土酱斩炖肉、白鱼两吃、鸡头杆、定胜糕、馄饨等。白鱼中段是七都张斌特意去幻溇买的 13 斤白鱼的中段，雄爿红烧，雌爿清蒸，完全符合江南才子李渔所谓“食鱼者首重在鲜，次则及肥，肥而且鲜，鱼之能事毕矣。”不出所料，朋友夫妻赞叹之余，竟然邀请姜啸波到杭州滨江区一起开店，好啊好啊，姜还欠着上海朋友、北京朋友的邀约呢。

饭后，前往太湖雪蚕桑文化园看蚕宝宝。蚕桑文化园在震泽长漾湿地公园内，春有野火饭和桑芽茶，初夏可采桑葚，秋冬有著名的国家农产品地理标志香青菜。一年四季除过年期间，能一次观赏从蚁蚕到蚕蛾的全生命周期。尔后还有抽丝剥茧、扎染拓印、茧上彩画体验，并可以看到售卖的美轮美奂、精美绝伦的丝织品和工艺品，在短短的几十分钟时间内，领略到蚕的伟大和人类的聪慧。安可夫妇对孩子授予知识的贴心和耐心，令我汗颜。

蚕丝之旅的最后一站是震泽古镇，参观了师俭堂，出门左转走上塘宝塔街，途经老严卤菜馆时，安可说昨天车子出了小故障，要去宝马 4S 店，有自称震泽人推荐宝塔街上老严面馆，早上就想来的，但又不想错过宾馆丰盛的自助早餐，唉哎，下次再来。

在慈云塔与禹迹桥前留了影，再从下塘兜回，买了五谷丰的黑豆腐干，错过了郑鼎丰的油豆腐。穿过镇区直奔美佳乐酒楼，大厨黄云凌早已恭候多时。美佳乐酒楼布局又有了一些变动，菜式自与“中国太湖农家菜美食之乡”合拍。美佳乐酱鸭既是镇店冷菜，又是伴手好礼。冰糖红烧河鳗也是朋友好久没吃到的味，红烧肉和猪尾胶原蛋白黏嘴。情理之中意料之外的韭菜蚕蛹上桌，安可拍照后先尝，说这盘吃不完打包晚上看球吃，我能干啥？只有缩筷了。看架势，小孩应该是熟悉蚕蛹的，津津有味地吃了五颗，我都看馋了。

素三鲜浇的红汤面十分讨喜，特爱细面的安可太太夸面太好吃，说就是吃撑也能再吃一碗。我接了一句，下次来吃老严酱鸭面吧。

公私筷勺

一群人围坐一桌吃同一餐盘中的菜点，即为合餐。虽说中国自古就分餐，但那是皇权贵族的专利，布衣百姓家常日子分餐不实际。

记得小时候随父母做客，主家大人热情过度，我的饭碗上总盖着不怎么想吃又吃不完的菜，特别看到主人夹菜前呡筷的举动，内心的阴影即刻浮现，更遑论老人咀嚼后喂食小毛头了。今忆往事，岳父在吃饭时另用一双筷子夹菜在自备碗中独自享用的印象最为深刻，几十年如一日，着实不简单。

新型冠状病毒肺炎（COVID-19）疫情暴发之前，合餐者的那一双筷已然是幽门螺杆菌传播的虫洞，此菌是目前所知能够在人胃中生存的唯一微生物种类，即便治愈也易复得，已被世界卫生组织国际癌症研究机构列入致癌物清单。杭州疾控中心专家的实验结果显示，同样的用餐人员、同样的菜肴，公筷的使用与否，在剩余菜肴中检出的菌落总数，最高竟相差 250 倍。可见，筷子是细菌和病毒的重要传播通道。如今，新冠病毒一再变异，谁知谁是无症状感染者？拥有万亿人类细胞和数万亿微生物细胞的人体，不可避免地受到病原微生物的挑战，增强人体免疫力不易感染和主动防疫不被感染是迎接挑战的底气，用餐筷勺分公私则是主动防疫的关键方法和途径。

英国历史学家、哲学家阿诺德·汤因比认为：“人类的一切成就都与挑战与回应直接相关。如果人类接受了挑战，他们的回应就将为文明奠定基础。”

面对种种已知或未知的病毒或细菌的挑战，我们首先应该回应的是筷勺使用分公私，阻断“病从口入”传染链。筷勺分公私的前提有三点：

第一，确保私有。

每人餐前自查，是否拥有包括餐盘、汤碗、汤匙、筷子在内的专用餐具，餐馆及高端酒店还配备金属长柄匙。餐盘多用于接纳骨渣，亦称骨碟；汤碗配瓷汤匙，转存食物及盛汤喝汤；筷子私用，一双即可。

第二，分清公私。

大概从 20 世纪 80 年代初开始，旅游饭店的摆台已有公筷公勺，位置在正副主人餐位前，功能比较单一地局限在主人为宾客添菜上。一些与国际接轨的高端饭店则在每一道菜中放置不锈钢的西餐叉或勺。

当下推行公筷公勺，有的饭店摆台每客放两双筷子，公私筷子在色泽及长短上也有所区分。服务员应适时、适度地介绍或提醒。如：我们为大家准备了两双筷子，较长且颜色浅的这双是公筷，内私外公。

餐馆或家庭使用公筷公勺的理想形式，是每一菜附加一双筷或叉，每一汤附加一把勺。

第三，正确使用。

先用公筷（公勺）夹（舀）食物到骨碟（汤碗），再用私筷（汤匙）送入口中应是正解。

阻断病原微生物传播，是公筷公勺使用的显意；分清公私、文明用餐是设立公筷公勺的隐意。惯性使然，公筷往往会在不经意间变成“私筷”。遇人误用或某菜未配套公筷公勺时，若每位客人面前有金属长柄匙的，可将长柄匙作为公勺自用，或将未用过的长柄匙放入菜盘公用。再无选择的，可招呼服务员添加。

以新冠肺炎病毒变异快速的特性推断，此病毒将大概率与人类共生，加上已知的幽门螺杆菌以及可能的未知。人类面临的挑战并未消失或减弱，正确使用公筷公勺是我们的回应之一，还有常洗手、社交不握手、保持社交距离等。

高邮一瞥

我估摸着没有谁会专为吃咸鸭蛋而花费半天时间去一趟高邮解馋，哪怕再加上短篇圣手汪曾祺念兹在兹的塞肉回锅油条、鳜鱼豆腐汤、汪豆腐、虾籽冬笋和阳春面。人在高邮，唯独不能少了双黄咸鸭蛋。因为，好事成双在高邮。

高邮属于汉民族江淮民系，江淮民系也称淮扬民系，区域包括安徽的合肥、滁州、芜湖、马鞍山、铜陵、六安、池州、宣城，江西的九江以及江苏的南京（除溧水、高淳）、扬州、镇江（除丹阳）、淮安、连云港（除赣榆、东海北部）、盐城。淮扬文化融汇南北而“南蛮北侉”，兼具北方皇家园林和苏州园林元素的扬州园林就是例子，淮扬文化以扬州、南京、镇江、淮安四市最具代表性。

高邮是扬州域内的县级市，京杭大运河江淮运河高邮段全长43.6公里，与江南运河吴江段相当。长城、长征、大运河是国家级的三大公园，高邮和吴江均为京杭大运河重要节点，以运河的名义互通有无乃师出有名。高邮汇富金陵大酒店似乎找到了邀请吴江宾馆为高邮首届运河宴美食节助阵的理由和途径，得此消息我欣然以吴越美食推进会创始人的身份加入了庚子年六月中旬的高邮之行，路上得知由方利峰大师工作室方利峰、薛斌、王春、徐陈峰、吴志明等厨房大拿和服务主管李慧敏组建的助攻团队已提前进入阵地。

公元前223年，秦王嬴政在此筑高台、置邮亭，故名高邮，别称秦邮。汉高祖六年（公元前 201 年）分置高邮县，比吴江早 1110 年设县，至今留存盂城驿、镇国寺塔、文游台等众多名胜古迹。抵达后利用晚餐前的时间打卡汪曾祺纪念馆。

“纪念馆的形态宛如一本本叠放的书本，厚厚地摊放在一层基座上，书本错落布置，营造曲折多变的内部参观流线，形成丰富的参观体验。（设计者语）”汪曾祺著作等身又是中国文化名人，他的作品中常常出现家乡的风土人情和水乡风味美食，纪念馆造型以书本形象概括无半点违和。而设计者将“买椟还珠”演绎成“置椟藏珠”的设计灵感，则似乎不那么灵光。至于纪念馆的陈设布置，斗胆建议将汪老作品中很生活的东西或场景还原，或可用汪老作品中的菜点以仿真模型或 3D 全息的形式展示出来，引领带动高邮旅游餐饮业发展。

美食节开幕式现场主桌为 40 人长桌，桌面装饰的大运河贯穿南北，两岸造景栩栩如生。主持人杨旭娟是高邮民歌第五代传人，之前她即兴演唱民歌“一根丝线牵过了河”，吴语不知下江话，只觉旋律优美、歌声动听，看表情似哥啊妹的情意绵绵。进入品鉴环节，糟香毛豆、传统煮花生壳、吴江黑豆干、椒盐毛刀鱼等四手碟以及餐前开胃的金陵自制酸奶与冰镇姑苏绿豆汤已经上桌。冷菜为五格铜钱拼盘，上下左右中分别是饭锅香拍茭白、馥珍酒佛手瓜、高邮蒲包肉、咸鸭蛋和菱塘盐水鹅，金陵优秀服务员上菜、撤盘、加酒、续饮等作业流畅，有条不紊。

头菜为醉蟹炖鸡蹄，干荷叶倒扣着炖盅造型别出心裁，后来谈此亮点徐鹤峰大师说：“汤盅缺盖老荷应急。”汤清如水，坐在我右侧的中国烹饪协会名人堂导师冯祥文大师品尝后连声说“汤好”，好汤是厨艺境界的天花板，吃客无需会做，应知好汤须无色无渣无油再加温度足够。接着吴江宾馆的荷香伴两虾配香藕、蜜汁火方、定胜糕、黄焖湖鳗配焗百合以及高邮汇富金陵大酒店的刀板香蒸蟹鳝配雪花豆腐、草炉烧饼、四随饭、高邮虾籽阳春面等菜点依菜单顺序鱼贯而入。

扬州市旅游协会会长王玉新在致辞时说旅游业是营销幸福的产业，餐饮和美味要在旅游业中发挥作用，吃出愉快。我想，餐后绝大多数人都会记住这话并实践之。

怀念阿尧师傅

厉增尧，盛泽人称阿尧，注册中国烹饪大师，系苏帮菜十大宗师之一。

盛泽之“盛”，可追溯到三国时期，吴赤乌三年（240）司马盛斌曾驻军筑圩造田。明成化、弘治年间此地手工丝绸业形成，清顺治四年（1647）建镇，乾隆九年（1744）已是“风送万机声，莫道众擎犹易举”，市兴而商贾云集，南来北往客和本地居民捧红了盘龙糕、鲜肉小烧卖、小馄饨、臭豆腐等当地小吃。

我信奉周瘦鹃的“吃厨师”哲学，而阿尧是吴江最资深且不会让食客吃坍宠的大厨。阿尧的大名早有耳闻，因我们分别在不同的行业系统，见面机会不多，筹备吴越美食推进会时，旅游饭店之外经营本地风味的餐馆才被关注到。那时，阿尧承包经营的东方大厦餐厅风生水起，东西好吃又实惠，上座率好到餐椅年平均营收二万。阿尧的厨师生涯从1972年开始，厉式清炒虾仁、滑油蟹粉、响油鳝糊、松鼠桂鱼、糖醋鱼块、走油蹄髈、走油酱方、五彩桂鱼、麻球和烧卖是盛泽街坊邻居和丝绸客商念念不忘的美食，他不善言辞，却极其认真地对待每一道菜，只要上午去他店里，就能看到前后台员工齐齐地围坐在餐桌边，掐虾仁、出蟹粉，忙得不亦乐乎。很多盛泽人自己结婚是阿尧烧的菜，自己小孩的婚宴还是阿尧烧的菜。毋容置疑，很多人的胃是被阿尧拴住的。

后来，阿尧师傅被大家推举为吴越美食推进会副会长，交流请教的机会自然也多了起来。他说厨师对自己岗位的态度最要紧，假使一个厨师连自己都看不起了，怎么让人家看得起你。阿尧乐于助人且不求回报，2015年东方卫视《大爱东方》栏目选题，希望记录我推动吴江美食的点滴，拍摄“学徒会长”，情节设计需要有一位在吴江烹饪界德高望重的大师，能够配得上这四个字的只有厉增尧。做啥菜呢？之前曾与绸乡缘少华以及阿尧讨论过“松肉”，这是一道很久之前在盛泽大行其道，目前几乎失传的汤菜。按剧本设定，我装模作样地在镜头前跟着阿尧剁肉、刮鱼茸、做松肉。镜头之外阿尧速度飞快地给鱼浆上劲，将五花肉丸子裹上鱼茸，过油定型，动作干净利索，着实令人钦佩。

最能代表阿尧师傅厨艺水平的肴馔，是八宝葫芦鸭和金蹼仙裙。八宝葫芦鸭，状似葫芦酿八宝馅，属于结婚酒席上考究的四大件之一，厉大师仅用一把前批后斩的圆头菜刀，就可在五六分钟时间内整鸭脱骨，菜肴成品丰满，枣红色油亮润泽，能猝不及防地令人馋意外溢；金蹼仙裙为江苏名菜，成菜历史可追溯到五代十国时期，由南腿、甲鱼裙边、鹅掌和香菇等扣蒸而成，十分考验食材预处理功夫，菜品造型文雅，刀工精致，见多识广的老吃客也往往不忍下箸。后来，苏州市烹饪协会拍摄苏帮菜制作技艺传承人电视专题片，厉大师又复原了此两道名菜，阿尧师傅出色的手艺和敦厚的人品，在行业内外收获了极好的人缘，丙申年腊月十三，厉增尧大师被苏州市烹饪协会授予“苏帮菜宗师”荣誉称号。

月有阴晴圆缺，人有悲欢离合。天妒英才，厉大师因病于戊戌年腊月二十六日仙逝，在灵堂遗像前，我追忆着和他曾经淡如水的过往，回想吴越美食推进路上的艰辛和欢乐，不忍吴江少了一位苏帮菜宗师……

匠心标杆今何在？恨难禁兮仰天悲。

解读美食

人在进食时，感官系统会对食物作出判断，美味是选项之一。

然而，人与人之间因成长环境、阅历、生理、专业知识、对食材的认知、生活偏好以及心理定力等的差异，导致他们对食物的要求以及判断也不尽相同。比如老人的牙齿以及消化系统功能衰退，对食物的要求以清淡和酥烂为主。而年轻人则喜欢可以彰显牙力的食物，啃个猪手、吃块四分熟的牛排……从牙力这个角度看，苏帮菜是孝敬老人的菜，肉禽鱼虾无一不适合老人，费牙的螃蟹也以秃黄油或蟹粉的面目出现，老人在苏州吃食，不费吹灰之力。

汉语词典将美食解释为味美的食物。味，主要包括鼻子闻东西所得到的感觉和舌头尝东西所得到的感觉，即嗅觉感应到的食物气味以及味蕾感应到的酸苦甘辛咸及调和之味，还有食物咀嚼后在口腔内弥散的味道，味是判断食物的最基本标准。味美则是食物之味符合进食者喜好，由进食者给出的主观判断。正是这种主观的判断，使“美食”有了足够的宽度，才有了满大街的美食。这满大街的美食，是不是所有人的共识呢？绝对不是。近年徽菜大行其道，臭鳜鱼可谓功不可没，为数不少的苏州土著认为好吃，而我并不觉得。臭鳜鱼之臭，与苏州传统饮食中的臭豆腐相近，而臭鳜鱼的烹饪手法又与苏州的红烧鱼相仿，鳜鱼因发酵而臭，其肉质比苏帮菜中绝大多数的桂鱼要嫩，这是无法回避的事实。正如榴梿青团的脱颖而出一样，求新求奇的吃客总是占着较大的比例，奇妙的体验可以让进食者大方地给出美食的评价！而我觉得臭鳜鱼是“鱼馁而肉败”，学圣人不食。

美食有宽度就会高度。味美的食物，其高度在于味的调和，比如苏帮卤味虽使用辛香料，但不会让你觉得有任何一味香味出头，而且还让你在咀嚼后回味清爽。至于苏帮菜烹饪理念，可借用清李光庭《乡言解颐》言：“有味者使之出，无味者使之入。”道行高的吃客，追求《吕氏春秋》里的那种本味，咀嚼间能辨出食物的香味是来自赋味还是矫味，前者如苏帮菜中常用的麻油、五香粉，后者如葱姜。如若厨师不知冷水预熟矫味工艺，而试图用浓香掩盖食物的腥臊膻，是为掩耳盗铃，自欺欺人也。

食物的衍生价值就是美食的深度。孔子嫡孙子思为凸显儒学价值以及话语权，将“人莫不饮食也，鲜能知味也。”写进《中庸》，想说明啥呢？我且揣摩之：第一，很多人将饮食作为疗饥必需，少有人通过饮食辨出个中三昧。比如食以体政、养老食礼、教子食礼。我们小时候都守着长辈没动筷子，小孩不准举筷的家规。以饮食教化，筷头上也能出孝子；第二，吃是一门学问，很多人不得其门而入。自古食药同源，食能疗饥、亦能治病。医圣孙思邈著《备急千金要方·食治》借扁鹊之语道出真谛：“不知食宜者，不足以存生也。”老苏州“不时不食”顺应春生夏长秋收冬藏，出于对自己五脏六腑养护的初衷，对食物的温热寒凉四性保持足够敬畏；第三，不是会吃就能辨滋味。魏文帝曹丕著《与群臣论被服书》以“三世长者知被服，五世长者知饮食”佐证日常饮食起居常识累世积聚的重要性。我无法想象在食堂和家里吃辣菜的厨师，转身就能在灶台上做出地道的苏帮菜。所以，能够将苏帮菜做尴尬的餐馆，必定有一群不吃江浙家常菜的厨师。

问题又来了，江浙家常菜和苏帮菜是什么关系？在家常菜前面加上江浙，只是想突出其地域，江浙，乃江浙民系。是春秋吴国，或三国东吴，还是五代十国时的吴越国呢？按着各人理解就好。我安守吴语太湖片，范围包括苏州、无锡、常州、上海、杭州、嘉兴、湖州、绍兴、宁波等地。吴越九城，因地理以及政治经济文化的差别而在饮食上略有不同，此所谓“靠山吃山，靠海吃海”“一方水土养育一方人”，苏帮菜是吴越九城肴馔中的佼佼者，江浙家常菜则是苏帮菜存生的土壤。

我认为，美食是情人眼里的西施。用心体会厨师的用心，做一位挑剔的吃客，美食就时刻在眼前！

济宁行记

活在知天命和耳顺之间，一个偶尔的机会，分别在山东济宁和曲阜停留 24 小时，感受好客山东。济宁位于鲁西南腹地，面积和人口大致是吴江的十倍。唐武德七年（624）曾引汶、泗二河之水到济宁。元朝定都北京，为避免海运损失而修筑内陆漕运航道，江南物资通过大运河直抵北京。明朝时，黄河曾两次决口，淤塞运河，后开挖 141 千米的漕运新河，昔日济宁府辖下的荒凉小村，因“漕转万艘通职贡，润流百邑返耕桑”而热闹起来，运河之都成为济宁靓丽的名片。

济宁烹饪餐饮业协会满长征会长曾是香港大厦掌舵人，此番香港大厦开业 20 年庆暨第 19 届荷花美食节邀请了各路嘉宾，我顶了吴江宾馆的名额与范金培、胡红国、薛斌等人前往，接风晚宴上结识了济宁旅游主管部门领导郑庆军以及济宁餐饮业一干精英，席间交流了吴越美食推进会的来龙去脉以及探寻小吃、吴江好面评选等种种做法，也了解到荷花是济宁的市花，济宁是较早做运河主题酒店和运河主题宴席的城市，香港大厦是儒风运河文化主题酒店，在餐厅、客房、公共区域等都能感受到浓浓的运河文化，酒店服务遵循的是儒文化的礼乐。对了，香港大厦的晚安致意品，是雕刻了荷花和鲤鱼的小挂件，寓意吉祥。

济宁才子郑庆军将自己的真实情感贯通融会于庆典致辞中，当场吟诗：

我们 / 脚下这片土地 / 是我们的家乡 / 运河孕育 / 儒风和畅 / 幼苗二十载 / 紫荆花的梦想 / 质朴的大厦人 / 点滴汗水 / 折射出温馨夺目的阳光 / 在平凡中创造出不平凡 / 激发出每个人潜质和能量。这里有儒风大雅 / 礼宾天下 / 有运河殇殇 / 古道热肠 / 二十年 / 起起伏伏 / 顺势里居安思危 / 逆势里乘风破浪 / 懂得了感恩 / 懂得了珍视 / 也懂得世事艰难 / 曾经的沧桑！二十年成绩 / 仿佛一桌盛宴 / 无论前厅，无论后勤 / 无论厨师和客房 / 有大家的辛勤耕耘 / 更有舵手的领衔启航 / 二十年 / 孔孟之乡我的梦 / 香港大厦我的家 / 叫响了大江南北 / 镌刻在员工脸庞 / 铭记在每位客人的心上 / 从此 / 擎起一面餐饮的大旗 / 无限荣光。二十年 / 每一位客人的批评与表扬 / 历历在目 / 如金声玉振般 / 响彻在每一个员工耳旁 / 今天 / 我们重新清点 / 二十年踯躅前行 / 二十年的岁月 / 与美好时光 / 我们整理思绪 / 重新打起行囊 / 叮嘱在耳 / 蓝图目标远方 / 满怀信心 / 满怀深情 / 满怀感恩 / 满怀对未来的憧憬向往。未来十年，二十年 / 甚至更远更长 / 让儒家文化撑起我们心中的梦想 / 运河精神荡起了我们共同的船桨 / 明天 / 我们携手奏响新时代的华美乐章！

品鉴儒风运河宴是荷花美食节的重头戏，也是吴江与济宁两地运河美食取长补短的绝好机会。乾隆帝下江南必驻跸济宁府，故以乾隆爷的巡场、颁旨和赐酒等方式开宴，代入感极强。肴馔为鲁西南风味，所用食材大抵为淡水鱼、肉禽，惟四孔鲤鱼为贵。相传鲁国君主知孔子得子，赐微山湖所产四孔鲤鱼，因此孔子给儿子取名孔鲤。午餐后，我们一行随满长征会长前往曲阜，途中顺道参观了鸿顺国际酒店，在最大的餐厅包厢里，我看到了运河手绘长卷中的“吴江”，这是一家以运河码头菜为主打的精品酒店，太阳西斜时车抵曲阜东方儒家花园酒店。

酒店专为曲阜中国孔子研究院配套食宿以及会议等服务，进入大堂，同行嘉宾脖子上便多了一条黄色的丝巾，红地毯的尽头，是一尊孔子传道立像，左侧是编钟，右侧是石磬。司仪交代祭孔手法，一叩首、二叩首、三叩首，穿着古典服饰的乐师敲击编钟，氛围庄严肃穆。孔子教学生以礼、乐、射、御、书、数六艺，确实厉害，简单的乐就已经洗去了一路的风尘。仔细打量，感应酒店内的春秋战国时代气息，沉浸于儒家文化之中，可在短时间内使人洗净铅华。该酒店主厨是2018年6月9日上海合作组织青岛峰会国宴肴馔制作的生力军，我等有幸在7月1日品尝到以孔府菜为主打的国宴主菜，冷拼牡丹花、孔府一品八珍盅、孔府酱焖牛肋排、孔府焦溜鱼、孔府神仙鸭、鲁味烧双冬等肴馔味质色形俱佳，其神形不输网络流传的正版。

次日参观曲阜三孔，即孔庙、孔府和孔林，孔庙是皇室笼络天下文士的祭祀场所，虽然也有达官贵人来蹭热度刷存在，却总是个神圣的地方，孔圣人之所以为天下人所敬崇，有教无类是重要因素，若能穿越回去，我想我会提着束脩努力成为三千弟子之一。中午在曲阜龙泉精品酒店品尝孔府家宴之扣碗菜。扣碗卷煎、扣碗蒸鸡、扣碗鱼条、扣碗丸子、扣碗鱼丝、扣碗酥肉、扣碗鱼片、扣碗鱼面筋等道道精湛，不过印象最深的还是桌上的羊肉，鲁西南有吃伏羊的习惯，这与济宁相邻的徐州同俗。东方儒家的羊肉无膻味，色泽淡红，问之才知是用红曲米烹就。而他家的羊汤更不是当下的藏书羊肉汤能比。

交换来的名片上，“好客山东”的LOGO总排在店徽前。“好客山东”是将“好客”沉淀为特色鲜明的山东人性格，凝练为“仁者爱人”的“山东精神”，演变为“知行合一”的山东民俗。

羡慕山东酒店人的文化自信，我驻足在浓浓的酒香前。

莲房遐想

叶放兄邀我与印度可口文献小组商讨饮食文化交流事宜，欣然赴约南石皮记喝茶。地铁 4 号线到三元坊，出站后导航领我沿十全街向东步行，在带城桥路右转前行再左转，进入南石皮弄，路过网师园不久，在高墙前结束导航。我发微信询问，不久便听闻前方吱呀声响，叶放从石库门探身而出。

进得院门，他将我介绍给正在游园的三位女客，又匆忙离开，原来苏州旅游财经的胡建国老师和精通英语的毛恒杰老师已在北边叩门。我与叶放相识于多年前的“纪念陆文夫”雅集，后来请他指导过鲈乡雅集，叶兄多次来吴江品宴、采风找素材，对吴江的香大头菜、香青菜以及酱蹄髈特别有感觉。而他的兴趣，却是造园、饮馔、四艺、颐养、器玩……他是才情趣十足的苏州文士，典型的雅生活斜杠青年。

品茶，从太平猴魁开始。印度女孩 Anumitra 和 Shalini 对由淡至浓的品茶法很感兴趣，大半天的时间，基本上是毛老师翻译叶兄对茶的见解、中国茶文化的发展变化以及已经不为人知的茶趣，比如元代书画家倪云林的莲花茶，说“于早饭前，日初出时，择取莲花蕊略绽者，以手指拨开，入茶满其中，以麻丝缚扎定，经一宿。次早，莲花摘之取茶，用纸包晒，如此三次，锡罐盛贮，扎口收藏”。其实，苏州文士的心中都住着芸娘式的红颜知己，且看清代文人沈复著《浮生六记》回忆妻子芸娘制作莲花茶：“夏月荷花初开时，晚含而晓放。芸用小纱囊撮茶叶少许，置花心，明早取出，烹天泉水泡之，香韵尤绝。”叶兄有此雅兴，手机中存有纤纤玉手制作莲花茶的连环图片，耳闻目睹间似身临其境，套用一句周瘦鹃的话，就是“起先并不觉怎样，到得二泡三泡之后，就莲香沁脾了”。

一下午的茶，喝得微微发汗，听得思绪万千。Anumitra 和 Shalini 肯定入迷了，临近结束才和盘托出交流设想。框架初定后，建微信群、安排食材采购、落实印度菜餐盘，并请毛老师担任 Anumitra 的助手，约定由嘉元堂和书香文化研究院作为中印饮食文化交流的平台，三天后在平江府半园藏书楼品鉴中印美食。

Anumitra 对食材和辅料的采购很不将就，我认为正是她的这种态度，才能够将“印度本土水稻品种和传统饮食文化的多样性及可能性”通过印度科钦·穆吉里斯双年展（2018—2019），引发世人对饮食的思考。借用她们的话：“颠覆了传统对于食物的等级结构，用自己的感官体验创作了一种不同的饮食观念。”

在这之前，她们已经在苏州嘉元堂做过一场关于味觉的讲座，大概意思是印度有酸甘苦辛咸涩六味。印度六味怎么和绍兴黄酒的味觉审美重合了？恰到好处的涩，可以让酒味有浓厚的柔和感。在我的认知中，涩不是食品的基本味觉。“涩”给舌尖的体验如吴江土话“霸”，味蕾一旦被霸，感觉就不好了。如未处理过的竹笋、菠菜，没成熟的柿子以及用小苏打浆洗的虾仁等，均因所含成分如多酚化合物，如盐类，如醛类，如有机酸，而让人避之不及。

Anumitra 以荷花、藕带、藕、荷叶、莲蓬和莲子为食材，用自带的印度辛香料精心烹制，做成一个六味拼盘，有用粳米粉拖糊炸荷花，蘸番茄酸辣酱和黑色炒米的“朱叶墨谷”；用新鲜椰子现剥椰肉制成椰蓉屑，与藕梗合炒的“特色小炒”；将菠菜焯水打汁慢熬，辅以黄油成油亮可口的稠汁，盖浇在大粒熟藕块上的“青汁藕块”，荷叶包烤桂鱼柳的“香烤塘鱼”，将莲蓬头挖成碗形，再填入印式蒸太湖虾仁的“虾仁宝莲灯”以及甜品“鲜牛乳球酿莲子”。听起来似曾相识，却是十足的印度菜。莲花为印度国花，凡一切荷的衍生物，与印度辛香料缠绵而毫无悬念地成为印度文人逸士的盘中餐。

苏式卤菜需多种香料混合使用，而苏州经典菜式则以原味为上，较少用辛香料。随着生活节奏的加快，城市新移民队伍的壮大以及年轻人饮食消费求新求异求时尚等大势影响下，辛香料的使用将更加普遍。反观印度来的两位姑娘，做菜时辛香料用量如同旧时中医开中药单方，一菜一味且其香幽幽，我猜这是尊重食物原味使然。见椰蓉炒藕梗里有一片“咖喱叶”，于是引出了一个话题：为何这次没用印度咖喱？Anumitra说咖喱叶在南印度烹饪中是必不可少的，但在南印度没有所谓的咖喱。咖喱粉是用六七种不同香料混合而成的，只在印度以外销售。他们用调味汁和香料做的菜都叫不同的名字，而且没有一种是咖喱的。

席间得知，印度人请客的第一道菜必是苦味，喻先苦后甜。恰到好处的苦确实可以增加菜肴的特殊风味，亦能刺激人的食欲，但应适度。刻意为之的吃苦也要分季节时令，唐代孙真人思邈所著《备急千金要方·食治》是中医辨证运用五味的经典：“春七十二日省酸增甘，以养脾气；夏七十二日省苦增辛，以养肺气；秋七十二日省辛增酸，以养肝气；冬七十二日省咸增苦，以养心气；季月各十八日省甘增咸，以养肾气。”中国和印度虽地域不同，倘若常吃苦、多吃苦，则易“皮槁而毛拔”，可能亦会“味过于苦，脾气不濡，胃气乃厚。”(《黄帝内经》)

中国饮食注重“调和”，菜肴的主味建立在五味调和的基础之上。为方便交流，叶放兄与平江府主厨郭秉先生商定了中方食单，前菜为原味的带壳水红菱；热菜有苏式油爆虾、松鼠桂花鱼、荷叶粉蒸肉和辣子炒鸡丁等四道，分别为甘、酸、咸、辛四味；汤菜为黄耳炖苦瓜，体现苦味。

菱肉自呈甘味，要是不小心咬到菱皮，则嘴涩。所谓的原味，是食材未经额外赋味的本来味道。在如何对待荷叶的问题上，中印双方殊途同归，虽内容不尽相同，但形式上都选择了“荷叶包”。

也许是使用了江南常见食材的缘故，面对 Anumitra 主理的印度菜，不觉得有半点违和。大家一致认为用菠菜汁慢熬的“青汁”出类拔萃，无论是色彩还是味道，均属上品；以荷花花瓣为原料的“朱叶墨谷”，像迷你版苏州甜菜之高丽荷花，虽因蘸料浸染而损失了脆皮口感，仍能辨出花香；甜品中的莲子建议剔除其芯，使之甜得更纯粹；就外观而言，感觉椰香藕梗更像甜品。而让我觉得意外的是位于餐盘中央的“虾仁宝莲灯”，“沉香劈山救母”的故事起源于宋元时期，在民间流传已久，广为人知。“宝莲灯”是沉香救母的神器，灯头部分似一朵尚未完全绽放的荷花，莲房尚在花瓣的包裹之中，这让我联想起可以追溯到八百多年前的一道菜——莲房鱼包，莲房即莲子居所，莲蓬之雅称也。南宋时，善诗文字画却屡遭排挤的进士林洪对园林和美食颇有研究，所著《山家清供》中记载了“莲房鱼包”的做法：“将莲花中嫩房去须，截底剜穰，留其孔，以酒、酱、香料和鱼块实其内，仍以底坐甑内蒸熟。”底，莲房与荷梗连接处。穰，莲蓬之瓤，即莲子和絮状组织。“留其孔”就是保留莲蓬面的孔窍。如此，莲房就成了名副其实的“莲蓬头”了。

私房菜馆将应季的莲蓬作为餐前水果，有趣之人，会将老嫩适中的莲蓬盖小心揭下，修整边缘后夹在报纸中，覆以重物使其干燥平整，做成圆形且带有自然孔窍的书签。如在“虾仁宝莲灯”上加盖新鲜书签，欲扬先抑，岂不妙哉？！

满意不满意

乾隆二十二年（1757），苏州面馆业在宫巷关帝庙内创建面业公所，不确定当时有没有从立夏开始到中秋供应卤鸭面的面馆。但可以肯定松鹤楼在乾隆四十五年资助了面业公所的重修。

据说吃松鹤楼的卤鸭面，是“封斋”的最好象征。《吴郡岁华纪丽·六月素斋》曰：“三伏烈日炎蒸，易感痧暑，食宜淡泊，薄滋味，凡腥臊肥腻食品，咸屏除弗御。吴俗，男妇多清斋素食，一月方复荤，谓之全月素。其少者，亦必二十四日为度。其食斋之期，二十三日火神素，为火神诞，二十四日雷尊诞，为雷斋。二十五日为雷部辛天君诞，谓之辛斋。凡奉辛斋者，每月逢辛日及初六日，皆素食。凡嗜斋之先，亲友必馈荤食肴馔，谓之封斋。”

火神素、雷斋和辛斋，以雷斋持续时间最长。“自朔至诞日茹素者谓之雷斋。”（《清嘉录》）朔，指每月初一。就是说从农历六月初一开始，一直到辛斋不能开荤。苏州城中圆妙观有雷尊神像，松鹤楼又近在咫尺，封斋之前或者开斋之后吃一碗松鹤楼用当年新肥鸭做的卤鸭面，不算亏待五脏庙。

松鹤楼的脉搏与苏州城紧密相承，面店至同治、光绪年间，改为三开间一角楼的面饭菜馆，初创团队兢兢业业，后来沉疴积弊，1916 年山穷水尽时同行出手，租店七年后接盘，易号“和记松鹤楼”，调集名厨掌勺，聘请名师坐作，经营苏帮传统特色菜肴、承办中高档宴席，名菜荟萃，名声大振。1929 年，借着观前街拓宽的东风，翻扩建为 600 多平方米，楼上大小 9 间包房，可设席 30 桌，一时间“各色大菜，驰名京沪”，成为社会各界宴宾首选。可惜，时虽生意应接不暇，天意不遂人事难尽，只五六年光景，惨淡经营，勉强维持。

1956 年，松鹤楼公私合营，恢复四季冷热菜肴 182 种，常年供应苏帮传统菜 70 多种。3 号服务员孙荣泉首创“三勤、四快、五心、六满意”工作法，在 1959 年 11 月受邀出席全国群英会并赴人民大会堂的晚宴，受到周恩来总理亲切接见。1963 年，苏州滑稽剧团将孙荣泉的事迹创作成滑稽戏《满意不满意》，长春电影制片厂又改编为同名电影。1982 年，得月楼菜馆从虚拟场景中精化而来，上海电影制片厂续《满意不满意》情节，于 1983 年新编拍摄《小小得月楼》。新聚丰的朱龙祥大师说他当时是戆戆的炉灶替身。同年，《收获》杂志第一期发表了陆文夫的《美食家》，两年后上海电影制片厂又将《美食家》搬上银幕，苏州故事、苏州美食、苏式生活广为人知，松鹤楼、得月楼享誉海内外，“美食家”的称谓由此风行华夏。

松鹤楼行走江湖两百余载，风雨彩虹更迭交替。2018 年，松鹤楼被上海豫园商城股份收纳旗下，美味佳肴依旧，却多了一碗卤鸭面。九死一生又续卤鸭面故事，这就是奇迹。感慨之余，试想松鹤楼、得月楼，抑或其他苏式菜馆，如何才能滋味如常，人情不散，客来复往，气正运通？善待吃客，多与老吃客交朋友。

陆文夫先生说过，厨师和饭店的名声是靠名家吃出来的。万一吃客群里有名家，愿意为你竖口碑呢？

毛快元的鸡头米

入秋，早餐除了蒸芋艿、南瓜、鸡蛋，还要煮一锅百合莲子鸡头米。水沸后下生鲜莲子，再沸后下百合，煮十来分钟再下生鲜鸡头米，待“鱼眼泡”纷纷即可关火舀取了，烫鸡头米的最高境界是溏心。

鸡头米是大名，绰号异称竟多达29种，最为常见的是《本草纲目》中记载的“芡实”——“芡之果实”。明弘治年间《本草品汇精要》言鸡头米产区已有“江南产者”以及“自扬而北”之分。北芡通体有刺，其果实毛刺遍生很是扎手。原多产于洪泽湖、高邮湖一带，品质口感不及南芡，一般留老用作药材。而南芡除硕大的圆形叶背有刺外通体无刺，品质以苏州葑门外黄天荡所产最负盛名，故南芡亦称苏芡，其子色白肉糯，杨万里《食鸡头子》云：“江妃有诀煮真珠，菰饭牛酥软不如。”很是符合苏州美食的糯韧口感，被作为食品甚至是闺房小食也就顺理成章了。明《姑苏志》言芡实：“出吴江者壳薄色绿味腴，出长洲车坊者色黄，有粳糯之分。”几百年过去，芡农育种技术进步且交流增多，要想区分吴江和长洲（现吴中）的芡实，又有几人能为？

20世纪90年代中期始，黄天荡为苏州工业园区发展腾地，原本周边乡村的种芡人放不下虽辛苦但能赚钱的活计，四下散开在黄桥、横泾、车坊、莞坪等周边乡镇寻找湿地水田承包种植。2006年，毛快元得知有人承包了自己岳父母家边上的湘娄村雪塔上水田种芡，敏锐地感觉到自己的创业机会降临了，于是也向村里租了几亩水田，踏上了种芡之路，家庭农场以水生记为号。雪塔上地处同里九里湖东岸及吴淞江以西地带，早先也是行政村，后来并入湘娄村。毛师傅用“土地肥沃，风调雨顺”形容这块宝地，他说只要不违背自然规律，随便种什么都长。那天，我向他请教芡实的前世今生和种养技术，返程时带走了他家自种的南瓜、枣、可以当瓜子磕的野生芡鸡籽以及干芡实。

芡是睡莲科芡属水生草本植物，大凡草本植物都遵循春生夏长秋收冬藏的规律，每一粒芡种约需 5 平方米的水田和芡农 200 个昼夜起早摸黑的精耕细作。4 月初催芽、育苗，5 月移苗，6 月定植，期间实施水位调节、防风、追肥、除草等田间管理。移苗 15 天后以及叶片生长不良时一定要追施堆肥发酵过的有机肥，肥料与泥土混合，压入植株根部外围的土中。水田中的龙虾、浮萍和水草与芡实争夺肥料和生存空间，除害唯人工，别无他法。

7 月中下旬，芡之花蕾在水下形成后相继钻出水面，昼开夜闭两天，受粉后即关闭三角形的四片花萼，重新钻回水中，芡实在里面慢慢长大。花期如遇高温，鸡头米就不充实，既然选择靠天吃饭的农作，尽人事听天命，丰歉自知。

毛师傅说这么多年已经将湘娄村雪塔上的 300 亩水田轮租了一遍，为何？池塘也需要休养生息，长时间在一个塘内种植，鸡头米会退化。苏州本地的芡实品种，依花色分别有紫花芡和白花芡。倘若你看到红色花朵，那是白花南芡与紫花北芡的后代。而北芡据说只有紫花和红花两种。以前是按有无刺分南北，如若将苏芡的种子下在北方，又如何区别呢？恐怕只有老吃客才能感知两者的细微差别。因为花期不同，所以采摘鸡头的时间也是不一样的，采早了芡实太嫩，采晚了鸡头米没软糯的口感，如果刮到西北风，鸡头冒出水面，芡实里面有了心子，就卖不起价钱了。所谓“鸡头”，即大石榴状的球体上凸起像鸟喙的花萼，似硕大的鸡头。一株芡能有十几个鸡头。打开鸡头，里面是直径约一厘米半的“鸡籽”圆球，按成熟度和坚硬程度的不同，鸡籽一般可分为鸡黄、大担、小花衣、剥坯、大响壳、老粒六种。剥去“鸡籽”硬壳，里面就是白色或淡黄色的鸡头米了。鸡头米带水放入容器冰冻即可常年存放，自然解冻后仍为生鲜芡实，品质不受影响。

毛师傅种的紫花芡是苏芡中的优良品种，虽同开紫花，但“鸡籽”也有黄种、紫种和红种之分。黄种是主流，颗粒较大者为大黄种，颗粒略小的是小黄种。除了大小的区别，大黄种剥出的鸡头米完整度相对小黄种要略差一点。另外还有口感较差的紫花紫种和产量极低的紫花红种。他说芡实从开花到结果约 20 天，等到大叶铺满水田，就可以采摘鸡头了。有的芡农为抢先机，每年 8 月初就每隔 4 天采收一轮，鸡头米嫩则嫩矣，味未至。毛快元根据多年的经验，实施每年 8 月 20 日开始采摘的方案，以 6 天为一轮，前两轮的鸡头米太小，第三至第七轮产量大且大小老嫩适度，第八轮之后为收尾。第五轮的时候需留意果实饱满充实个大且个多的植株，做上记号，留老采收，选颜色深的做种子，洗干净后装入透气的包装袋，埋入水塘的淤泥下约一尺处，待到来年再催芽。

近年品质较好苏芡的价格一直维持在每斤 120 元左右。每天凌晨一点下田采摘鸡头，揉出鸡籽，鸡籽每斤 15 元，每五斤鸡籽可出鸡头米一斤，手剥鸡籽每斤人工费 5 元，若是成品率高的话人工还得长两成，如此一斤生鲜鸡头米的成本就达到了百元。若是使用机器剥鸡头米，以目前设备的精细程度还不能降低老嫩适度鸡籽的破损率，而较老鸡籽机剥鸡头米每斤约 70 元。毛快元追求极致，多年来一直做高品质且老嫩适度的生鲜芡实，并据此赢得了客户的口碑。他给生鲜水生植物下的定义是：生鲜，从田头直接到消费者手中。我非常认同他的观点，“希望是本无所谓有，无所谓无的。这正如地上的路；其实地上本没有路，走的人多了，也便成了路”。（鲁迅《故乡》）水生植物的生鲜之路虽然难走，但只要在走，相信脚下会出现康庄大道。

苏州人将莼菜、菱角、莲藕、慈姑、水芹、荸荠、芡实、茭白八种水生植物称作“水八仙”，由此八种食材演绎出的肴馔数不胜数。毛快元只做其中的芡实、水芹和莲子，当年 10 月至次年 3 月在水田中种植的水芹，基本也是三钿不值二钿地连根卖。而每年鸡头米上市之前的夏天，则专做生鲜莲子供应。他经营的生鲜莲子是素有“莲中珍品”之称的太空莲 36 号白莲，生长在江西绝好的水域，色白、粒大、味甘、清香、营养丰富，口感不输烹饪界念兹在兹的湘莲。毛师傅曾为我演示过不同时间莲子的变化，新鲜的莲子剥去外壳，清清白白地呈现在眼前。经宿的莲子外壳失水，原本依附在外壳上的衣膜紧紧地包裹在莲子肉外，难以去除。我的脑海中浮现出煮蛋后难剥的衣膜，才明白快元先生为何要在凌晨三点将刚到货的莲子上摇机去壳，并在上午九点钟之前结束配送。他说每年亲自送货，汽车行程 3 万多公里。

江南人，特别是有腔调的江南女子喜欢芡实和莲子的清虚品格，在意其养生功能。故而，桂花芡实羹或银耳莲子羹成为苏式生活中的居家小食绝非偶然。毛快元说苏州城里居民和乡下不一样，苏州城里人买芡实或莲子就是完成一桩交易，纯属个体购买行为，不会因为东西好或购买便捷而招呼左邻右舍一起购买。而他在芦墟等地卖货，新老顾客如见到旧时换糖担，就差敲锣打鼓帮着吆喝了，作为商家的他也希望邻里乡亲守望相助，优品共享。

对于品相稍差的芡实，毛师傅会用传统的蒸晒功夫进行加工，网购干芡实最多的是福建莆田一带，说是可促进小肠吸收，坐月子产妇的补汤中必有此物。干品口感虽稍逊于生鲜，但可煮“益精强志，聪耳明目”（清·曹庭栋《老老恒言》）的芡实粥。

对了，水生记家庭农场在同里菜场和吴江西门菜场有门店，宜人地是他的商号。

呛蟹、咸齑及汤团

1993年底，我在中国旅游饭店业协会的大会上结识了酒店用品行业的翘楚、宁波天马董事长翁国伟先生。次年，酒店评星需要升级客用品，选择宁波天马定制。做客两天三正餐，感觉餐桌上最不缺的是呛蟹，超级喜欢呛虾的我却在呛蟹前露怯，盛情难却之下默念随遇而安诀，筷子却避过主人声明最好吃的红膏，干净利落地夹了斩件。呛蟹之味鲜得极其自然，暗自庆幸转盘一圈后呛蟹已经光盘。我喜欢分享自己觉得“好的”东西，“好的”东西不能用价格或价值来衡量，而是以人物、情景合不合适来区别。然而，好的东西往往会被世俗看低，比如七都大头菜属于稀松平常的腌制农产品，我钟爱用太湖水煮就的大头菜汤，原料只大头菜丝、猪油、葱花三样，其味与我而言有穿越时空回到小时候的神威。但此汤上桌需不失时机地渲染七都人的大头菜情结，不然易惹上怠慢客人的嫌疑。笋熗咸齑上桌，国伟兄的宁波话民谚“三日弗吃咸齑汤，脚骨有眼酸汪汪”就已绕梁三匝，咸齑就是雪菜切成齑末，雪菜亦即雪里蕻，是吴越民系最家常的食材，传说中的亚硝酸盐在腌制三周后销声匿迹，经发酵产生的特殊鲜味是最本源的家乡味。以雪里蕻为食材的菜肴有很多，高贵如雪菜豆瓣汤，此豆瓣乃塘鳢鱼的脸颊肉；面浇头如雪菜炒肉丝；家常如雪菜小鱼、雪菜墨鱼丝；应季如雪菜和冬笋同盘的炒雪冬，也有口味较重但象征“利市”的雪菜烧大肠等等。常说“苏州四时不断菜，杭州一年不断笋”，不独杭州，有山有海的宁波也不断笋，春笋、鞭笋、冬笋轮换着吃，笋熗咸齑就是其中的经典。吴越先民用盐创造了庞大的腌鲜世界，呛蟹、咸菜、咸鲞、咸肉、咸蛋等极大地延展了食材的寿命，降低了食材丰歉对饮食的直接影响。

宁波人对呛蟹、咸齑以及汤团、年糕的执着应该是与生俱来的，用此待客恰恰说明宁波人最本真的用心，国伟兄用呛蟹招待是合适的，偏偏遇上用吴语来说比较“各别”的我。其余热菜或主食的模样在推杯换盏后断片，根本没印入脑海。返程时关照司机将翁总所送呛蟹分给宁波籍的同事以及喜欢吃呛蟹的同事家属，貌似的大方掩盖了我的不习惯。

为提升曾因“非典”而深受影响的餐饮市场景气指数，吴江市政府于 2003 年开始举办每年一届的美食节，自此始，职能和兴趣爱好交织的挑战使我欲罢不能且乐在其中，在挖掘整理吴江传统美食的同时，尝试复古典籍菜以建立美食话语权，首个目标就是“鱼鲊”。鱼鲊以进献隋炀帝的吴郡“玲珑牡丹鲊”最为有名，《齐民要术》上有鱼鲊制法的记载。曾请教扬州大学饮食文化专家邱庞同教授，他说鱼鲊最终的形态，可生可熟。2009 年夏，如法炮制的鱼鲊在开坛后摆放到餐盘里，试菜者面面相觑不敢下箸，徒儿啸波一筷打破僵局，俄而，视其表情初见端倪，见其点头众人蠢蠢欲动，待其开口余等皆已筷夹尝之。生食鱼鲊并没有我想象中的恐怖抑或不适，口感若上好的金枪鱼鱼生，味蕾感觉酸苦甘辛咸俱全，食盐、辛香料、酒和米饭等是鱼鲊制作过程中发挥杀菌、发酵、赋味等作用的关键所在。次年的第八届吴江美食节颁奖晚宴上，我们将鲤鱼鲊切成大骰子粒作为外敬菜，向百余名沪苏浙嘉宾奉上了生食的“鱼鲊”。若干年后，还有人说当年宴席只记得鱼鲊。成功复制鱼鲊，带给我的不只是味蕾的惊喜，更大的收获是解除了自己的心理防线，又若干年后还为宁波银行吴江支行支招：“将呛蟹、咸齑、汤圆、年糕作为宴客必备，哪家具备即为定点餐馆。”并试制呛蟹：挑红膏梭子蟹急冻后再泡入有辛香料和白酒、冰糖的饱和盐水中，约七八个小时就可脱胎换骨为呛蟹。作风粗犷的宁波呛蟹与口味细腻的苏州醉蟹分别用梭子蟹、河蟹，为何不直接蒸了或煮了吃？因为，呛或醉代表了吴越人民对美好生活的向往，更可能是对河姆渡文化和马家浜文化的传承。

庚子年季秋，应旅游时报之约，再度造访宁波，在现代化的城市中感受到更多的人文底蕴。

在六七千年前的上古时期，北至长江，南达钱塘江北岸，西北至常州一带的太湖流域，就有人类活动，史称马家浜文化；与之遥相呼应的，是分布于杭州湾南岸平原地区至舟山群岛的河姆渡文化。后来，马家浜文化过渡为崧泽文化，继而演化为良渚文化，始建于公元前3300年的余杭良渚古城成为中华文明上下五千年的实证。

河姆渡文化较集中在姚江两岸，姚江古名舜江，又称余姚江，发源于大岚镇夏家岭龙角山，流经上虞、余姚、海曙和江北汇入甬江，干流全长104.5公里，流域总面积2940平方公里，约占宁波全境的三分之一。河姆渡遗址出土的稻谷数量之多、保存之完好，在世界考古史上是绝无仅有的。它不仅为研究我国稻作农业的起源提供了珍贵的实物资料，否定了我国栽培水稻源自印度阿萨姆的传统说法，有力地证明我国也是世界上最早栽培水稻的国家。河姆渡文化存世至公元前3300年，只留下一片浓重的迷雾，冥冥中我深信宁波糕团始于此。

上海友人知“缸鸭狗”汤团好吃，不知为何取其名。询问得知创始人姓江，小名阿狗。1926年创办汤团店时以谐音为店名，并绘一只缸、一只鸭子及一只狗作招牌标记。相传此汤团制作时，糯米需淘洗并清水浸泡一周，然后水磨碾细，入布袋榨干水；上等黑芝麻淘洗沥干，炒熟后舂碎，再筛去壳，与白糖粉以及去膜绞烂的猪板油糅和，搓成核桃大小的丸作馅，以糯米粉包之，搓成杨梅大小的汤团，入沸水锅中煮熟盛碗，再放白糖、桂花。缸鸭狗汤团以其香、甜、鲜、滑、糯终成宁波汤团的标杆。有一回，宁波朋友来苏州公干，返程时在吴江聚餐，席间问及点心，服务员错将吴江菜花干团子报成宁波汤团，本人大惊，谁敢如此不敬？竟在关公面前舞大刀！

如果说甜糯为要的汤团是合家团聚温馨居家的象征，那么韧劲十足的宁波年糕则代表了宁波一方水土养育之人的不屈性情。素有“浙东门户”之称的招宝山，位于宁波甬江出海口，1984 年之前一直是镇海关隘、甬江咽喉、海防要塞。本人登高好数数，踏过 122 级条石石阶，接着是 22 级红岩山体台阶，再 193 级石阶来到威远城城墙前平台。威远城始筑于明嘉靖三十九年（1560）春，屡经战争考验。入城又 43 级石阶是佛门天王殿，再往上 18 级，见供奉观音的圆通宝殿。登顶犹须呐喊，为在抗倭、抗英、抗法、抗日中惨烈献身的英灵招魂，继而参观镇海口海防历史纪念馆，“四抗”史实历历在目，更觉中华和平来之不易。

古剑陶庵老人张岱《夜航船》序说宁波余姚风俗：“后生小子，无不读书。等年至二十还学无所成，就去学一门手艺。”镇海有山，曰招宝，曰梓荫。梓荫山位于镇海城东北部。面积约 3300 平方米，海拔 12 米。北宋雍熙二年（984），定海县主簿在山麓始建梓荫学宫，“梓荫”意为“梓材荫泽，荫庇学子，源远流长”。自汉以来崇尚儒学，学宫即官办的学校，学宫有孔圣人之庙，学宫同时也是儒学教官的衙署。时光流转，当年的学宫在几经演变后，当下已然是校训为“励志、进取、勤奋、健美”的浙江省镇海中学，这是一所令镇海学生家长念兹在兹的浙江省首批一级普通高中特色示范学校。中轴线两侧的四栋楼分别是高中三个年级以及教师楼，中轴线北端是供奉孔子像的大成殿，据说高三学生会将他们钟爱的零食及随身的心爱之物在高考前置于圣像台基上以谢三年庇护。校园内亭台楼阁廊轩桥榭等园林建筑一应俱全，其中的泮池、吴公纪功碑亭、俞大猷生祠碑属全国重点文物保护单位，时值季秋校园内菊花盛开，园丁手下无残花败草，一本上线率在 98% 以上，学生毕业以大型盆景赠校留作纪念。

梓荫山东麓的摩崖石刻为宋嘉定庚辰年（1220）山西冯枋所书，“惩忿窒欲”四字斗大撑格，告诫所见之人要“克制忿怒，抑制私欲。”何若？专心学习，专心教书育人。

镇海中学东南角有一座单门独院，面积仅210平方米的“憩园”，园内建筑“朱枫烈士纪念楼”本是朱枫故居，免费开放。朱枫女士为祖国统一大业而献身，可歌可泣。萧山籍的女教师全程讲解，一路娓娓道来，其神态言语中流露出的自信和骄傲，底气十足。这与我在宁波帮博物馆里感受到的何其相似。

宁波帮自明末清初在北京初创，以药材和成衣业经营为主；清乾嘉时期活动区域扩充到长江、南北洋以及对日贸易；鸦片战争后吴越精英及财富向上海集聚，产生了以买办商人和进出口商人为代表的新式商人群体；清同治始，随着上海进入快速发展期，宁波帮新式商人将商业利润投资于航运业、金融业、工业等新兴领域，形成实力雄厚的宁波帮金融资本和工业资本，造就了百余个“中国第一”。

宁波是浙东大运河的起点，浙东大运河、京杭大运河与隋唐大运河组成了世界文化遗产的中国大运河。河姆渡遗址考古发现的木桨、鲨鱼、金枪鱼等深水鱼类骸骨证明，由于天然的地利之便，上古时代的河姆渡人已经用桨划舟出海捕鱼;《艺文类聚》载：西周成王时，“于越献舟”。古越人以象牙、玳瑁、翠毛、犀角、玉桂和香木等奢侈品，交换北方中原的丝帛和手工产品。于越部落是春秋时期越国的前身，于公元前2032年建立越国；春秋战国时，置“船宫”于句章（今宁波）。澳大利亚人类学家贝尔德姆认为，澳大利亚居民的祖先就是从河姆渡漂流过去的。宁波旧称“明州”，是中国最古老的港口之一，是东方“海上丝绸之路”和“海上陶瓷之路”的始发港，也是中国近代被迫开放的五个通商口岸之一。宁波籍的虞洽卿、董浩云、包玉刚都是教父级的海航船王。海员在跑船的日子里吃啥呢？可捕捞梭子蟹做呛蟹解馋，船舱里应该有一甏甏咸齑，吃剩下的咸齑卤可以制作各种风味，比如臭冬瓜。

宁波之行的最后一站是被称为北仑天然氧吧的九峰山瑞岩景区，静静漫步林间就可默默收获无数负氧离子，要是在附近民宿住上十天半月，估计都不想回家。听口音游客大都来自上海，宁波籍作家何菲曾说宁波与上海中间隔着杭州湾，陆地距离比苏锡常杭嘉湖更遥远，但对上海的影响力却是中国城市中的翘楚，一声“阿拉”让两座城脐带相连。

回来不过一周，品鉴吴江宾馆为上海朋友准备的全蟹宴，五味冷拼中赫然有一味“呛蟹”，啊哈，宁波。

请你吃饭

“请你吃饭”不同于“请你喝酒”。“请你喝酒”请的多为至亲好友，被请者需随份子，如小孩满月、结婚、乔迁等，被请喝酒，说明你和主家关系不错。喝到最后，总会有长辈劝你吃点饭，盖盖酒甏；而“请你吃饭”多数是随机的，多是为了改善关系，时间大都抽主客空档。钱钟书著《吃饭》曰：“把饭给自己有饭吃的人吃，那是请饭；自己有饭可吃而去吃人家的饭，那是赏面子。”虽说是吃饭，但大家都不把米饭当回事。

长江中下游平原有着悠久的“羹鱼饭稻”历史，七千多年来，稻米一直发挥着疗饥的作用。考古发现，最早用于食物蒸煮的是甗和釜。甗下部是鬲，上部是带箅的甑。釜，圆口。类似当今的铁锅，圆底而无足，必须安置在炉灶之上或是以其他物体支撑煮物。20世纪80年代初，我出差东北住个体旅馆，见房东大娘将锅里煮开的大米捞出再蒸，食之软硬适度，但饭香明显不够。

除了中国，泰国、印度、日本、韩国等国家也以稻米为主食。泰式菠萝炒饭，以果蔬和泰国香米搭配，别具风味；印度咖喱饭，更像中式盖浇饭，浇头以咖喱酱为主，加入肉禽、胡萝卜以及辛香料，滋味浓烈；韩国拌饭比日本生鸡蛋拌饭多了不少料，五味交融的绿红黄白黑五色蔬菜、禽肉以及溏心煎蛋覆盖在白米饭上，俨然一盘大菜。如果说日本生鸡蛋拌饭是清水出芙蓉，天然去雕饰的西子，那么韩国拌饭就是浓妆艳抹的村姑。

西班牙瓦伦西亚市凭借着紧邻地中海的优势，发明了海鲜饭，米饭任由西红花（别称番红花、藏红花）着色而黄袍披身，各种海鲜镶嵌其中。西班牙海鲜饭与意大利面、法国蜗牛并称“欧洲人最喜爱的三道菜”，西班牙亦成为欧洲人心目中的美食之都，亦是实至名归。《本草纲目》记番红花：“主治心忧郁积，气闷不散，活血。久服令人心喜。又治惊悸。”难怪西班牙的探戈激情四射。

在中国，蛋炒饭以金包银或银包金惊艳四座，其中扬州炒饭由于备料和制作超乎寻常的复杂性，竟到了想吃正宗不容易的地步。在太湖流域，有一种饭正悄悄地从农家渗透到高档餐馆，那就是咸肉菜饭。

饭，必定是稻米之饭。江南稻米，主要有三种：粳米、籼米和糯米。粳稻生长期较籼稻长，粳米煮饭黏性较强而胀性较差，我喜用咀嚼米饭之味来描述五味中的“甘”，籼米煮饭黏性较弱而胀性较好，口感硬实。从米粒断面判断，圆形为粳米，扁平为籼米。糯米外观为不透明的白色，按形状又分两种，外形细长为籼糯米，亦称江米；外形短圆为粳糯米，也叫圆江米。糯米多用来酿酒、裹粽子或制作甜食糕点等。

日本“煮饭仙人”村嶋孟以“饭”“米饭”和“银饭”来区分煮得不太好的饭、稍好的饭以及最纯正美味的饭。我认为，一碗好的米饭，首要条件是洁白没有杂色，其次是饭粒分明且软硬适度，第三是饭香自然入口回甘。要想满足以上条件，需做好以下功夫：

第一，米的选择。米的品种固然重要，但抵不上从稻谷到米粒的生长时间重要。粳稻的收割期为农历八月，经脱粒晒干，在俗称冬月的农历十一月舂的米，最为新鲜且此时米粒饱满，极少有粞。退而求其次，是刚碾的米。在米的状态下存储较久的，无论多大品牌，都做不出好饭。

第二，水的选择。《食宪鸿秘》论水：“品茶酿酒贵山泉，煮饭烹调则宜江湖水。”江浙多二类以上水质的湖泊水库，均为本土净水，可用。

第三，善淘冷浸。柔中有刚地快速搅动揉搓，漂去淀粉质。袁枚言："淘米时不惜工夫，用手揉擦，使水从箩中淋出，竟成清水，无复米色。"再在冷水中浸泡四十分钟，让米粒充分吸收水分，增加米粒成饭后软糯口感。若粳米品质不佳，可添加一成左右的糯米，也可微添白醋、白糖及植物油矫味。

第四，热水煮饭。《素食说略》中记："饭须一气煮成，不可搅动。"放多少水需要经验积累，坊间煮夫煮妇惯用沸水煮饭，大火煮沸后再候片刻，改两手不停地转动饭锅，以使受热均匀。我小时候放学回家，煤炉上煮饭、饭桌上做作业，等候大人下班回家烧菜的情形又浮现眼前。

在人工智能普遍应用的今天，明火煮饭渐成屠龙之术。是喜是忧？

乾隆皇帝爱吃鸭

家鸭亦称鹜，由野鸭驯化而成，野鸭又为凫的俗称，是原始人类狩猎的重要动物之一。凫能高飞而鸭舒缓不行，故家鸭亦称舒凫。考古出土的西周时期铜质鸭形尊，其鸭颈长，身肥，嘴扁，酷似今鸭。这充分说明我国驯养鸭子历史悠久，养殖范围分布广泛。

南朝陈顾野王的《舆地志》与唐陆广微的《吴地记》均有吴王筑鸭城的记载，顾野王言“鸭城东，吴王牧凫鸭之处，即此城是也。”陆广微则曰“鸭城在吴县东南二十里。”两人所指地点虽各不相同，但吴王在吴地筑鸭城毋庸置疑。

北魏贾思勰《齐民要术》著“养鹅、鸭”法，言“供厨者，子鹅百日以外，子鸭六七十日，佳。过此肉硬。……《风土记》曰：‘鸭，春季雏，到夏五月则任啖，故俗五六月则烹食之。’”

唐代，农学家、文学家和道家学者陆龟蒙曾任湖州、苏州刺史幕僚，他是长洲（今苏州）人，十分喜好养鸭，后隐居松江甫里。此松江亦称吴江，是吴淞江的古称。甫里即今角直。宋代，吴江在垂虹桥附近建“三高祠”，祭祀越范蠡、晋张翰与唐陆龟蒙三位隐世高士。大文豪苏轼曾作《戏书吴江三贤画像三首》：“（范蠡）谁将射御教吴儿，长笑申公为夏姬。却遣姑苏有麋鹿，更怜夫子得西施。（张翰）浮世功劳食与眠，季鹰真得水中仙。不须更说知机早，直为鲈鱼也自贤。（陆龟蒙）千首文章二顷田，囊中未有一钱看。却因养得能言鸭，惊破王孙金弹丸。”

宋末元初，在陈元靓编纂的《事林广记》中有“女真挞不剌鸭子”菜，制法为一只大鸭子，去掉毛和内脏，与榆皮酱肉汁、切成细丝的葱白、整个的小椒（小椒用油炒）、肉汤一起放到锅内煮，以慢火煮至八九分熟即可。鸭肉紧就肉熟，盛时要将整个鸭子片开，用碗盛汤食用。鹅、鸭、鸡都可以用这种方法制作，只是要往汤中多加半碗血。此菜演变到元代，被收入无名氏编的《居家必用事类全集·饮食类》：“女直食品·塔不剌鸭子：大者一只，挦净，去肠、肚。以榆仁酱，肉汁调。先炒葱油，倾汁下锅，小椒数粒。后下鸭子，慢火煮熟。拆开，另盛汤供。鹅、鸭、鸡同此制造。”

女真，亦名女直、女贞。“女真”一名最早见于唐初，基本形成民族形态的时期约在唐代。1635年皇太极改为满洲族（满族别称）。原来，大清皇帝爱吃鸭子是天性。

乾隆皇帝曾为吴江三高祠留下诗作《三高祠》：“避祸何曾忘货殖（范蠡），思莼真是见几图（张翰），天随不赴蒲轮召（陆龟蒙），一例三高安勉殊？”不知当时乾隆帝是否由陆龟蒙联想到鸭子？中医认为，鸭肉性寒、味甘、咸，主大补虚劳，滋五脏之阴，清虚劳之热，补血行水，养胃生津，止咳自惊，消螺蛳积。皇帝日理万机，难免焦躁体热。食鸭肉可以调和体内阴阳。清高宗爱新觉罗·弘历1735年登基，在位60年，禅位后又继续训政三年多，88岁驾鹤西去。其寿与嗜食鸭肴不无关系。

余同元、何伟编著的《历史典籍中的苏州菜》，所记御膳给人印象最深的是鸭肴，无论是乾隆所食，赏食皇后、令妃，举目所望，满眼鸭馔：鸭脯、糯米鸭子、鸭子火熏馅煎粘团、五香鸭子热锅、燕窝肥鸡雏鸭热锅、燕窝把红白鸭子苏脍、苏造鸭子肘子肚子肋条攒盘、燕窝把酒炖鸭子、白煮烂鸭子、鸭羹、燕窝炒鸭丝、燕窝鸭腰锅烧鸭子、溜鸭腰燕窝黄焖鸭子炖面筋、燕窝红白鸭子炖豆腐、燕窝秋梨鸭子热锅、酒蒸鸭子糊猪肉攒盘、火熏鸭子、糟鸭、燕窝烩五香鸭子、火熏鸭子炖白菜、火熏鸭子馅包子、镶鸭子、燕窝鸭子热锅、莲子酒炖鸭子、清蒸鸭子糊猪肉攒盘、挂炉鸭子、鸭子鸡冠肉、白鸭子炖豆腐、鸭子炖豆腐、醋溜鸭腰、莲子鸭子、拆鸭拆肉、挂炉鸭子烧狍肉、燕窝拌鸭丝、燕窝手撕鸭子、鲜虾醋溜鸭腰、鸭丝、拆鸭烂肉、挂炉鸭子挂炉肉攒盘、熏鸡晾苤苤子糟鸭子鸭蛋凉定、鸭子豆腐汤、拆鸭子、锅烧鸭子炖酸菠菜、鸭子苏羹、莲子镶鸭子、江米熏糟鸭腰、燕窝拌锅烧鸭子、江米镶鸭子、江米鸭子、火熏葱椒鸭子、春笋烩糟鸭子、燕窝莲子扒鸭、燕窝芙蓉鸭子热锅、万年青酒炖鸭子热锅、托汤鸭子、清蒸鸭子鹿尾攒盘、燕窝冬笋鸭腰汤、鹿筋拆鸭子热锅、菜花头酒炖鸭子、燕窝锅烧鸭子咸肉丝攒盘、清蒸鸭子鹿尾等。乾隆二十一年（1756）十月初一，《苏造底档》记录乾隆帝所食苏州菜肴105种，其中以鸭子为原料的有25种，约占四分之一。

故宫出版社出版的《皇帝怎么吃》“第一章御膳苏州菜”中记：“乾隆朝，全国各地的名菜佳肴都汇集在皇帝的宴桌上，但像苏州菜这样以完整菜系出现在宫廷的，几乎没有。苏州菜为清宫御膳带来了革新，在成就清宫御膳的同时也将中华美食推上了一个高峰。”该章简要介绍了“苏州织造官府菜”“御膳房苏造（灶）铺”“御厨张东官”“清宫御膳档”以及“八宝鸭”“绉纱馄饨”“樱桃肉”，言：“八宝鸭，作为乾隆皇帝最爱吃的一道御膳佳肴……要把鸭子整个去骨，留下完整的可以实现‘滴水不漏’的带有鸭肉的皮囊，清理后再填八样不同的食材，煮五个小时左右，出来还是一只完整和漂亮的鸭子，讲究‘酥烂脱骨不失其形’。”苏州菜中的“出骨母油八宝鸭”从古菜演变而来，以芡实、净莲子、净白果、净栗子、水发香菇、笋、鸭肫、猪肉组成八宝。何为净？莲子、白果去苦芯，栗子去壳去衣膜。

我对令妃多次食用的“莲子鸭子”颇感兴趣，令贵妃吃的莲子鸭子只存菜名，有些地区习惯称呼鸡蛋鸭蛋为鸡子、鸭子，但上述鸭馔中出现的“镶”和“鸭蛋”，可以断定“莲子鸭子”不是将莲子镶入鸭腔，也不是莲子和鸭蛋合烹。

令妃多次随乾隆帝下江南，作为汉人以及乾隆宠妃，对食物的鉴赏力肯定不低，食物宜忌也必为御医或医官所把握。莲子有清热降火，降血压，促进睡眠等功效；鸭子是水禽，在中医看来，鸭子吃的食物多为水生物，故其肉性味甘、寒。莲子鸭子，经后人附会，以扣蒸手法复原。取苏州古菜叉烧鸭，连肉片皮，包卷净熟湘莲，排齐碗中蒸制后倒扣盆中，淋琉璃芡，饰荷花瓣，恰似出水莲蓬。我嘱老镇源将叉烧鸭脯肉、虾茸、肉糜调匀，包湘莲馅，搓圆按扁成饼，剪方形烧鸭皮贴其上，文火煎熯。似小巧苏式月饼，咬入嘴中，满足感更强烈。

令妃吃的莲子鸭子，由张东官制作。张东官本是苏州织造普福的家厨，乾隆三十年（1765），乾隆第四次下江南时，苏州织造普福带家厨张成、宋元与张东官前往宝应候驾，乾隆在品尝了他们的手艺后，三人随即成为巡幸江南时的专用厨子。回銮时，长芦盐政西宁礼聘张东官带回北京，随时候遣。乾隆四十六年张东官成为七品御厨。由于张东官的努力，“苏宴”“苏造”“苏脍”在宫中、避暑山庄以及圆明园扎了根。乾隆四十九年，乾隆第六次下江南，七十多岁的张东官已腿脚不灵便，乾隆皇帝恩准他乘马随行。行至苏州灵岩寺行宫，乾隆皇帝经和珅、福隆安向苏州织造府下旨：“膳房做膳、苏州厨役张东官，因他年迈，腰腿疼痛，不能随往应艺矣。万岁爷驾幸到苏州之日，就让张东官家去，不用随往杭州。回銮之日，亦不必叫张东官随往京去。”张东官回家后，乾隆帝又下旨：“苏州织造府另选精壮苏州厨役一二名，给御膳房做膳。”由此可见，乾隆帝对苏州菜情有独钟。

四美羹

何谓四美？李渔曰："陆之蕈，水之莼，皆清虚妙物也。予尝以二物作羹，和以蟹之黄，鱼之肋，名曰'四美羹'。座客食而甘之，曰：'今而后，无下箸处矣！'"

康熙十年（1671）《闲情偶寄》付梓，至今不过三百多年，世人已不知"鱼之肋"为何物。有人从蕈、莼、黄、肋的季节性上分析，认为蟹黄与蕈、莼搭不上，他哪里知道，江南民间早有以淡盐拌蟹肉蟹黄，再用熟猪油封存的藏蟹肉法。有人想当然地抽走了"之"，稀罕之物变成了稀松平常的"鱼肋"。个人觉得李才子对食材的理解不输袁枚，他发明的四美羹，食材配伍必有其内在规律，揣摩悟得莼菜、蟹黄属阴，鱼之肋与香蕈属阳。

苏州文友透露重要信息，扬中人称河豚精巢为肋。中国特级河豚烹饪大师、江苏省非物质文化遗产保护项目"扬中河豚食俗"代表性传承人孔庆璞先生明确地回答了我的求证。肋就是雄性河豚的精巢，亦称鱼白，外观色泽乳白，断面呈白乳糜状，由衣膜包裹。在文人骚客笔下，成对的河豚精巢被描绘成"西施乳"，河豚在生殖季节，鱼白甚至可以增大到与体腔等长。所以，二三月的西施乳就显得格外珍贵，李渔用吴地方言给河豚精巢取名鱼之肋，既不落文人俗套，又与陆之蕈、水之莼、蟹之黄对应，惊艳世人的同时也留下了悬念，幸亏扬中完整地保留着河豚食俗的记忆。

从前，每年 2 月下旬至 3 月上旬，有繁殖能力的雌雄河豚成群由海入江，在长江中下游干流或太湖、鄱阳湖、洞庭湖等湖泊产卵，产后返回近海。幼鱼在江河或通江湖泊中生活，当年或翌年春季回归近海，育肥生长，性成熟后又溯江产卵。生活在长江下游的靖江、扬中、江阴、张家港、常熟、太仓等地居民，不会错过大自然周而复始的恩赐，年复一年地享受着肥鲜的美食。

违规及过度捕捞，将洄游河豚逼进濒危的境地，若非中国在 20 世纪 80 年代开始的河豚鱼安全利用研究取得较大进展，河豚美食将彻底成为记忆。扬中、靖江、江阴、张家港、太仓、南通等长江沿线的河豚烹饪厨师，通过长期的烹饪经验积累和技艺传承，形成了一整套河豚宰杀、清洗、加工、烹饪等环节的食品安全操作规程。在传统食豚地区，为解除食豚者的顾虑，餐馆厨师当着客人的面尝吃第一筷河豚。孔大师主理的扬中白玉兰大酒店将“品尝第一筷”作为非遗传承的一项重要内容，视客人需要进行这样的互动。

现代研究发现，河豚毒是强烈的神经毒素，是一种无色针状结晶体，属于耐酸、耐高温的动物性碱，能使人神经麻痹、呕吐、四肢发冷，进而心跳和呼吸停止。一旦食豚中毒，毒性很快发作，且一般无法抢救。数据显示中毒死亡率约为 30%，每公斤体重摄入 6 微克左右的河豚毒即致死。

河豚毒素在其各脏器的分布不同，含毒量也因生长环境以及季节变化而有所差别，按长江河豚和人工养殖河豚的实例证明，各器官毒性降序分别为卵巢、脾脏、肝脏、血筋、眼睛、鳃耙、皮、精巢、肌肉。2 龄以上养殖河豚的器官毒性与野生河豚一致，养殖控毒河豚与野生河豚相比，虽然毒素含量较低，但仍然注定养殖控毒河豚不能成为普通食材，清《调鼎集》有煮河豚、炖河豚和河豚面目录，猜想也是考虑到烹饪的风险性而删除具体内容的吧。因此，河豚烹饪必须作为特种烹饪技艺而加以规范，专业河豚烹饪厨师必须保持对河豚的敬畏之心，用心烹饪；食豚者也必须敬畏河豚，珍惜生命，尊重专业烹饪。

河豚，有赤鲑、鯸、鯸鲐、鹕䴔、鲀、河鲀、气泡鱼等六十多种异称。从古至今，人们对于河豚毒性的认识，是十分到位的。汉代张衡《论衡》谓“人食鲑肝而死”，晋人左思《三都赋·吴都赋》有“王鲔鯸鲐”之句，其注：“鯸鲐鱼状，如蝌蚪，大者尺余，腹下白，背上青黑，有黄纹，性有毒。”晋人郭璞注《山海经》时也谓“食之杀人”，唐代杨晔《膳夫经手录》中记“江南有鱼曰鹕䴔，有大毒，中者即死，灌蒌蒿汁即复苏”。北宋梅尧臣作《河豚诗》“但言美无度，谁知死如麻”，以劝范仲淹别冒险品尝河豚；南宋祝穆著《事文类聚》告诫：“河豚有大毒，肝与卵人食之必死。”清·孙嵘《西园随录》言：“煮治不精能杀人。”闻之，令人头皮发麻。

古往今来，一代又一代的吃客“明知鲀有毒，鲜味险中求”，究其原因，离不开人文至味、食俗传承和克毒解忧三点：

第一，人文至味。北宋文豪苏轼的“竹外桃花三两枝，春江水暖鸭先知。蒌蒿满地芦芽短，正是河豚欲上时。”引文人墨客摩肩接踵，争尝春日江鲜，留下脍炙人口的食豚诗句无数。如元明之际江阴诗人王逢《江边竹枝词》：“如刀江鲚白盈尺，不独河豚天下稀。”再如嘉兴人，清代词人、学者、藏书家朱彝尊《探春慢》：“听说西施乳，惹宾坐垂涎多少”等等。历代均有文人医家理性探究河豚，记录民间食俗。如晋吴郡华亭人陆云在《答车茂安书》中言炙鯯鯸等是“真东海之俊味，肴膳之至妙也”，鯯是鰶鱼，体侧扁，银灰色，有黑斑，口小无牙。鯸，即河豚；宋代欧阳修《六一诗话》评介《河豚诗》：“南人多与荻芽为羹，云最美。”荻，芦苇是也。荻牙为芦苇嫩芽；清孙嵘《西园随录》：“河豚，水之咸淡处产，河豚者鱼类也，无鳞颊，形殊弗雅，然味极佳。”书载河豚子既毒又胀，以水浸之，一夜大如芡实，着实吓人。李时珍曰：“吴人言其血有毒，脂令舌麻，子令腹胀，眼令目花，有'油麻子胀眼睛花'之语。而江阴人盐其子，糟其白，埋过治食，此俚言所谓'舍命吃河豚'者耶？"苏东坡尝与人谈河豚之美，云据其美味真是消得一死。江阴人则更甚也。

第二，食俗传承。奉时应季地大快朵颐，天经地义。北宋沈括著《梦溪笔谈》，言："吴人嗜河鲀鱼。"此吴人，当为吴地之人，大致为今长江下游、太湖流域地区。据说扬中、靖江和江阴等地请客没上河豚菜，是诚意不够；清初文坛盟主王士祯曾将"吃河豚鱼"作为三俗评介苏州风土。

野河豚毒性强，古人自有除毒高招。明代宋诩《宋氏养生部》烹河豚："二月用河豚剖治，去眼，去子，去尾鬣、血等，务涤甚洁，切为轩。先入少水，投鱼烹过熟。次以甘蔗、芦根制其毒，荔枝壳制其刺软。续水，又同烹过熟。胡椒、川椒、葱白、酱、醋调和，忌埃墨荆芥。"江苏省烹饪协会已经连续二十多年举办河豚烹饪培训，核心内容为：使用活河豚，先挖眼、环切皮肤、切口、撕皮，再开膛破肚，挖鱼鳃、取出内脏，剔除脊血、分拣，所弃之物必须清点无误后深埋处理。河豚之鱼白、鱼肉、鱼皮、鱼肝等可食部分流水漂洗数小时，迎光检视至绝无血丝，再放盐水中浸渍半小时，再洗清。所谓的"拼死吃河豚"却原来是"拼洗吃河豚"。

研究发现，河豚毒素能溶入水，易溶于稀醋酸中，240℃便开始炭化。在弱碱溶液里（以 4% 氢氧化钠处理 20 分钟），马上就被破坏为葡萄糖化合物而失去毒性等特性。在 100℃加热 4 小时或 115℃加热 3 小时，或 120℃加热 30 分钟，或 200℃以上加热 10 分钟，便可使毒素完全破坏，毒性消失。河豚毒素也是宝，可制成戒毒剂、麻醉剂、镇静剂以及用于癌症的介入治疗等。

河豚肝大毒，清代名医王士雄称："其肝、子与血尤毒。或云去此三物，洗之极净，食之无害。"而鱼肝恰好又是河豚独特的风味所在，依孔庆璞大师法，可排毒得美味：豆油、猪油、色拉油调成混合油，油温125℃至185℃时，放入充分浸洗过的河豚肝，滑5到10分钟，鱼肝颜色从乳白色渐变象牙黄、腊梅黄，至香蕉黄时关火，热分解排除鱼肝之大毒，“河豚油”烹煮河豚，一举两得。

如今，养殖控毒河豚经高手专业排毒，可食用部位包括鱼皮、鱼肉、鱼肝、卵巢、精巢等，但烹煮及食用仍应恪守“服药食忌”，如《本草纲目》曰荆芥：“忌驴肉。反河豚、一切无鳞鱼、蟹。”忌为禁戒。反，可理解为反转、倾覆。违者，轻者伤害身体，重者危及生命。

第三，克毒解忧。受过专业训练并经考核合格，获取河豚烹饪相关资格，并严格按规定操作者，方可称河豚烹饪厨师。煮豚师总是留些后手以防万一。如《食疗本草》橄（橄榄）：“主河豚毒，（煮）汁服之。中此鱼肝、子毒，人立死，惟此木能解。”橄榄出岭南山谷，吴地如何应对？《本草纲目》时珍曰河豚：“煮忌煤落中。与荆芥、菊花、桔梗、甘草、附子、乌头相反。宜荻笋、蒌蒿、秃菜。畏橄榄、甘蔗、芦根、粪汁。”严有翼《艺苑雌黄》云：“河豚，水族之奇味，世传其杀人。余守丹阳·宣城，见土人户户食之。但用菘菜、蒌蒿、荻芽三物煮之，亦未见死者。”菘菜分白菘、牛肚菘和紫菘，白菘即白菜，最肥大者为牛肚菘，因萝卜开紫花，故称紫菘；蒌蒿又名白蒿，《楚辞·大招》：“吴酸蒿蒌，不沾薄只。”蒌蒿及芦蒿，自古为佳物。《本草纲目》言其“生陂泽中，二月发苗，叶似嫩艾而歧细，面青背白。其茎或赤或白，其根白脆。采其根茎，生熟菹曝皆可食，盖嘉蔬也。”荻，多年生草本植物，生在水边，叶子长形，似芦苇，秋天开紫花，茎可以编席箔。荻芽，亦称荻笋，抽穗的嫩芽。

我在想，如将解毒之法用在浸泡及烹煮，是不是排毒更彻底呢？

文人情怀驱使下的人间至味，引食豚者纷至沓来；了解了河豚的食俗，对河豚心生敬畏之后，食客又多了几分对至味的牵挂。如此，食豚之风便生生不息了。

《吕氏春秋·本味》开宗明义:“求之其本,经旬必得;求之其末,劳而无功。”大到治国,小至烹饪,均需辨本末知轻重。食物以本味示人最为经典,然“三群之虫,水居者腥,肉玃者臊,草食者膻。”如何去除腥臊膻?所谓“一师一法,只要得法”。用葱姜酒得法者,深谙激发食材本味才是求本之道;舍本求末者,必欲盖弥彰。而食者在咀嚼食物的瞬间便可知晓厨艺之高下,故不求“本味”的厨师,不但劳而无功,而且永远也成不了烹饪高手。鲜肥二字是鱼肴优劣的试金石,其鲜乃食物本味之鲜,并非五味调和之鲜,葱姜酒去腥后在盐的作用下本味之鲜自然流露;鱼肴之肥,主要取决于鱼类肌肉脂肪的结构,吴地厨师依淡水鱼类脂肪含量较少之特征,多以网油、板油调节口感。然而,在注重饮食养生,强调低糖、少盐、少油的当下,如何把握鲜肥之度?鲜出本味,肥而不腻。

河豚的预处理及烹饪,必须由专业厨师严格按规范操作,按序除毒、去腥、提鲜,必须首先服从于排毒,然后再兼顾鲜肥,养殖控毒河豚也概莫能外。

吴羹名扬天下,除了招魂的吴羹,当然还应有令人想入非非的四美羹。

沙洲十二时辰

绝大多数情况下沙洲属于地貌名称，作为县级行政区划的沙洲1957年分别由常熟和江阴析出合并而成，沙洲县是张家港的旧称。

我与张家港的缘分，始于本世纪初对华芳金陵、国贸酒店和馨园度假村这三家五星级饭店的暗访，委托人是张家港旅游行业管理同行陆建平。暗访中感受最深的是受张家港精神影响而勃发的酒店活力，还有建平兄的助手小王和小许，因此无论是星级评定还是评定性复核，张家港是我不会拒绝的任务地。

小许后来搞过两次规模较大的旅游行业烹饪技能比赛，委托我邀请评委大师，第一次的烹饪比赛我请上海黄才根大师组团，另一次的面点比赛请浙江俞炳荣大师和范永伟大师助阵。两次我都推荐张家港烹饪技术协会赵铁强秘书长，小许说领导们也想听听区域以外专家的点评。我心里门清，外来和尚好念经么。之后，他在沙洲宾馆管理的豪苑宾馆任总经理时，我还做过一场以苏州菜为例的“饮食审美之味质色形”讲座。

张家港烹饪技术协会成立于上世纪80年代，我与赵铁强认识在2009年，之后几年两地活动互有邀请，私下交流不算太多，他给人印象低调务实、任劳任怨，以我直觉他与苏州真正有本事的大师一般，心力全在厨艺并无旁骛。凡我所知，大我一轮的他起码辅佐了不下五任会长，有一回我去苏州烹饪协会公干，他将徐彬彬介绍给华永根会长，其姿态只能用孺子牛形容。

每回见面老赵都邀请我去张家港，却一直没能成行。文人戏言不喝酒者为半士，自从戒烟酒后觉得自己在饭局中失去了话语权，向外交往丢失了通行证，曾经有一段时间老是考虑要不要取一个“半士”斋号，因已为半士而拒绝了绝大部分的邀请。这次曹建林会长和彬彬秘书长在省烹会议上盛情邀请，还特意提到小许，但我还是以不喝酒为条件接受邀请，双重机缘重合的机会并不多，于是催促推进会屠阳秘书长赶紧安排，以示诚意。

庚子年的新冠肺炎疫情如悬剑，压制了人员的聚集和消费欲望，对于劳动密集型和讲求人气流量的餐饮业而言，其打击是致命的。苏州虽然处于低风险地区，但因为经济重镇和人口密集等原因，餐饮业令行禁止、严防死守，种种情势逼迫餐饮业由坐商变革为行商。如沙洲宾馆打造了以传统糕点、宴杨卤菜、沙洲菜肴为主的宴杨味外卖品牌，最高日营业额超七万；国贸酒店以团餐外卖为核心，管理人员送货上门紧缩开支绝地反击；新膳苑顾家庭院强化诚信经营和餐后服务，逆势推进同期增长；乐余分会的家宴乡厨培训和“好口福”品牌进社区，在乡镇一级中开创先例；华芳金陵唐桥项目加速推进，全面提升品质建设等，张家港的同行已经交出了令人欣慰的答卷。

晚餐在沙洲宾馆，荷叶粉蒸肉、冰镇虾蟹、酸汤蒸茄子、凤凰豆腐等菜式古朴大气，火候滋味拿捏得恰到好处。彬彬陪在我右座，交谈中发现他对食材赋味颇有心得，比如荷叶粉蒸肉的增香手段以及次日午餐我们在论及干锅百合锅底垫大蒜不妥时，他提供了解决方案：以甘蔗代替。

早餐在宴杨楼面馆，宴杨楼为百年招牌，沙洲宾馆推陈出新复原了出来，所供应的面条菜点深受杨舍人民喜爱。开放式的厨房里有两口面锅，安排我们一行在上午九点早餐是为了避高峰。红汤爆鱼、白汤焖肉、拖炉饼、小笼、清炒苋菜、虾仁炒蛋、响油鳝丝、油条、玉米、葱油饼……我们一行人在践行“光盘”后，眼神中满是撑大了的饕餮影。

上午参观了占地万亩的“江南香山”景区，途中领略了灵气十足的秀美山水，感受了导游绘声绘色的春梅秋枫，无奈烈日之下的秋老虎干扰了游兴，众人急赴沙洲湖酒店，大堂一隅的皮划艇将酒店“湖”的特性勾勒得淋漓尽致，高档的酒店、时尚的运动、调和的美食配合休闲的时光，谁还说下次不来？！

扣除一百分钟车程，身在沙洲一昼夜，感觉却在一瞬间。

陶兄文瑜

文瑜兄属兔，比我小一岁。陶兄常称师父华永根为老恩师，在我成为华永根的开门弟子后，小范围见面他称我“师兄”我称他“陶兄”。

2008 年的寒食节，我在得月楼初识陶文瑜。当时他和沈宏非等人策划了纪念陆文夫的雅集。那天他在主桌，我在副桌，没说上话。陶文瑜一直主理着陆文夫创办的《苏州杂志》，是我仰慕的有趣的苏州文人。

2009 年，苏州烹饪大师工作室和得月楼菜馆联袂推出春、夏、秋、冬“四季宴”。因缘际会，我和文瑜、姑苏一叶、叶放等人的交流日渐多了起来。不，总体来说我耳朵的用场比嘴大，难得开口亦是诸如请教之类。听多了文瑜讲的周瘦鹃吃厨师、陆文夫吃厨师故事，便想着请文人墨客为吴越美食背书。

吴越美食推进会半岁时，我取意龙抬头，选庚寅年二月初二办撑腰宴，邀请陶文瑜和叶正亭参加吴越美食品鉴会。席间，吃惯了城里苏帮菜的两位虽被荤粉皮、素鳗、木樨撑腰甜糕和怀旧酱肉蒸饭所吸引，感性过后也奉献了不少真知灼见，比如陶老师建议黑豆腐干切丝后麻油拌，冷食。厨房按图施工，果然美味，我称之“文瑜干丝”。姑苏一叶当晚就撰写了“吴江首创的撑腰宴”，陶老师稍后也以“撑腰宴”为题发表文章，说了吴江很多好话。

2013 年，在师父的策划下，吴江宾馆按序推出寒食、端午、重阳、冬至等“节气宴”，每次发布会都邀请苏州美食界的“一花二叶一桃”、苏州报业的主编记者以及苏帮菜大师出席。文瑜兄是吴江美食进化的重要见证者。

2016年，陶兄策划《苏州杂志》采风震泽小吃活动，一行人在震泽乐不思蜀地待了一整天，所刊文章极大地烘托了震泽美食的人气。之后文瑜兄又约采风，却成未竟之事。

2018年，我将十来年的饮馔笔记整理出书，委托师父请文瑜兄题写书名，在苏州名士的加持和上海一众朋友的力捧下，《寻找美食家》在上海书店出版社如期出版，并在上海书展签售。同年8月底，为答谢陶兄，去青石弄叩开“春姑娘敲门，陶爷爷在家”之门，偶遇作家潘向黎一家，陶兄在才女潘的眼中是活得松弛和最有趣的作家。我想补一句，文瑜兄还是活脱活现的苏州美食界令狐冲。

2019年11月30日，文瑜兄在朋友圈转发小海的《陶文瑜，活出来的诗》，我看到第一句“文瑜生病了”，暗叫不好，不料三天后晨练觉心慌胸闷，却原来是陶兄“再见吧朋友再见”一语成谶。

我想，借文瑜兄的诗和他约定：“朋友再见不话别，不把伤悲锁眉间。命中注定要分手，答应将来再见面。”

今出版《寻找美食家》续集，书名续用陶兄墨宝。

新聚丰二三事

新聚丰位于太监弄9号2楼，太监弄在苏州观前街南且与之平行，代表苏州美食的大店名店百年老店多聚集于此，故有吃煞苏州太监弄之语。我曾以“盗朱龙祥的关子”为题，记录自己斗胆与大师过招学美食，掐指一算，已有十年没写新聚丰的文章，不过只要有人问我到苏州找哪家吃，心里仍然想着朱龙祥，仍旧首推新聚丰，通讯录里有大师电话是其一，其二是听反馈没有不满意的，这是关键。

戊戌年初夏，师父悄悄跟我说：“你一人过来，新聚丰三虾宴。”我突然想起每次餐后朱大师送的自制虾籽酱油，家里已然零库存。新聚丰三虾宴每年一次，因为名声在外，好几年亲眼目睹大师不忍拒绝慕名者，一再加椅，一再加菜。为避免自己成为被加椅者，小满次日老早就到烹饪协会候着，与师父一同前往。

三虾宴上撑场面的是一花二叶一桃组合。花即师父华永根；一叶为苏州画家、中国雅生活先导者叶放；另一叶为苏州文史专家叶正亭；桃是地道苏州文人、《苏州杂志》主编陶文瑜。花叶桃之比，乃象征苏州饮食文化枝繁叶茂开花结果。饮食文化、名人轶事、肴馔典故等话语权在他们之间，从不旁落。无酒不成宴，喝酒扎台型的则主要是龙祥大师以及他的同道好友，如苏帮菜非遗船点第三代传人董嘉荣、服务大师屈桂生、得月楼老东家林金洪等。

不知道拍摄苏州美食的镜头中有没有出现过早上吃粥用油条蘸虾

籽酱油？我认为那是最小资的苏式吃法。新聚丰三虾宴的头道热菜总是油条跟虾籽酱油，亘古不变。

在新聚丰用餐，清炒虾仁、件子砂锅和猛虎下山是不能被忽略的，炒虾仁看似简单实则很考验厨房实力，苏州城里虾仁都做不好的菜馆，是很难有回头客的。清风三虾上桌时，师父站起来比划着虾脑应该多大、应该是什么色泽，并以全世界、全中国、全江苏、全苏州说新聚丰的虾仁，大概意思苏州虾仁甲江苏，新聚丰虾仁甲苏州。好菜一经介绍销路大开，不多时，桌上又出现了一盆清风三虾。陶兄说龙祥听表扬听出劲了。

印象中，龙祥大师的清炒虾仁一直Q弹滑爽，不脱浆不出水。当下餐馆能够见到的炒三虾，基本是虾仁为主，虾脑点缀，虾籽均撒。师父说苏州以前有满天星和麻子，满天星指虾仁占一半，虾脑虾籽占一半，价格是炒虾仁的三倍。麻子虾仁则是没用虾脑的炒二虾。

件子砂锅是传统苏帮菜，苏州菜谱中记载三件子砂锅的主料为整鸡整鸭和火踵（或鲜蹄）。按照我的理解，件子应该属大件，如以前婚宴的四大件即整鸡整鸭蹄髈和全鱼。也有学者认为能够出味的称件子，不能出味的不算。不过，这些都还没有定论，就随饭店称呼吧。新聚丰加鸽蛋和火腿凑足五件，分别冷水预熟后一起在硕大的砂锅中炖焐，我估计起码需六小时，上桌时上面已有薄薄的油衣封住，汤面不动声色，舀汤入碗须耐着性子吹风散热才不烫嘴。

餐前拍了冷菜和菜单先挂朋友圈，屡屡被问冷菜上面撒了啥？猛虎下山是什么菜？三虾宴么，朱大师以虾籽点缀冷菜，不过我觉得太奢，似可省下虾籽；猛虎下山，以菜肴造型命名，与松鼠桂鱼可谓一武一文。比如请女朋友吃饭，松鼠桂鱼更惹人爱。如是兄弟聚会，猛虎下山衬托英雄本色。

猛虎下山鱼身两侧自头至尾以很小的夹角剞腮形花刀，刀刀至骨，用绍酒抹遍后扑干淀粉，炸，复炸，浇糖醋卤。提筷夹撕蘸卤入口，脆嫩双修、酸甜可口。至于清蒸甲鱼、虾籽蹄筋、虾籽茭白、糟熘塘片以及两面黄等配菜和点心，则可丰俭由己，吃个七分饱，逛观前才会不累。

新聚丰做的是老底子的苏帮菜，一直如此。

蟹蟹鸭

蟹蟹鸭是网络萌词“谢谢呀”的谐音。于我而言，则还是季秋孟冬江南筵席中的两道硬菜。蟹和鸭都喜欢吃稻谷、吃螺蛳，蟹在水中生、鸭是水禽，世人大啖“九雌十雄”时，只有少数蟹能够在10℃的水温里，借着8‰的盐分发情而延续蟹族生命。与此同时，常在稻田河浜转悠的麻鸭，也练成了滋阴之功，化身为酱鸭、八宝鸭抑或母油鸭，在吴江的八坼一带，老鸭尚菜汤是应时的硬菜。

吴江人喜欢养鸭，陆龟蒙功不可没。江南水乡如果没了可以叫自己名字的鸭子，还会有八坼黑龙村的皮蛋吗？不敢多想。且专心论蟹。在我国生长的绒螯蟹，除了中华绒螯蟹，还有日本绒螯蟹、直额绒螯蟹和狭额绒螯蟹。日本绒螯蟹最小步足的第一关节扁平似海蟹，我好像吃到过，今年蟹季里再留意几分；直额绒螯蟹在中国台湾东半部流入太平洋的河川中，体形扁小，步足绒毛长在大腿上；狭额绒螯蟹分布在福建及以北沿海各省和韩国西岸，体形最小，估计只能捣烂滤汁做蟹豆腐。

多年前，曾在餐桌上发现自己面前的太湖蟹和邻座的不一样，后咨询吴江水产专家周建忠，才知“腿长、背部疣状物凸起明显、背甲宽大于背甲长的椭圆形蟹”是长江1号的形态特征，品种登记号为G01-003-2011，源自高淳长江蟹。而烙在心中的蟹模样，是引进荷兰莱茵河水系的中华绒螯蟹，历经十年不断选育而成。中华绒螯蟹长江2号因“头胸甲明显隆起，额缘有四个尖齿，齿间缺刻深，居中一个特别深，呈‘U’或‘V’形，侧缺刻深，头胸甲上与第3侧齿相连的点刺状凸起明显，第四侧齿明显，具有纯正长江水系中华绒螯蟹‘青背、白肚、金爪、黄毛’的典型特征”而通过全国水产原种和良种审定委员会的审定，品种登记号为GS-01-004-2013。脑海中莫名浮起星爷的电影《长江7号》中来自外星，拯救女主小狄的七仔。啊，长江2号是江苏淡水水产研究用来拯救吃货记忆的，既惊奇又惊喜的受惠情景下，谢谢必须拖个呀，蟹蟹鸭。

近代中医名家施今墨按生长环境将蟹分为湖、江、河、溪、沟、海六等。当时还没有人工选育的蟹种，蟹的品种应该也很多，比如吴江和嘉善之间有汾湖，汾湖里出产的紫须蟹是一等一的货色，《清嘉录》云："苏州好，莼鲙忆秋风。巨口细鲈和酒嫩，双螯紫蟹带糟红。菘菜点羹浓。"将紫蟹与银鲈相提并论，足见此蟹风头。据说此蟹助伍员抗击越国而获名"子胥蟹"，蟹有"自切"或者螯足和步足再生功能，以两螯一大一小为特征。若依施今墨之理论，得出作为江蟹后代的长江1号不及失而复得之湖蟹长江2号，则难免偏颇。

蟹种固然重要，但水深、水质、水温、水含氧量、水草多少、湖床或池塘是否硬底、饵料食物品类以及捕捞时间节点等都影响蟹的品质。故，暂不管几号，单论长在何处。吴江本水乡泽国，东太湖和56个大水面湖泊已经全部禁止围养，不过，还有被自然河道分隔，养着鱼虾蟹的池塘，规整连片的池塘早先都是稻田，养在里面的蟹虽吃不上稻谷，有时亦称稻田蟹。国家强调粮食安全，退池还耕、退渔还田势在必行。为产业和菜篮子计，吴江尚有两万余亩生态池塘用于养蟹。何为生态？保留基本农田的性质，使用生石灰清塘灭菌杀虫，水深满足螃蟹生长，每亩水面投放800至1000只扣蟹，使用增氧设备，随时监测调整水质。除此之外，担任吴江太湖大闸蟹产业联合体理事长的奚兴根说："良心蟹农只投喂水草、颗粒饲料和螺蛳。"

庚子年二月十九，既是观音诞，又是植树节。大家都在虔诚植树的时候，吴江农业农村局、七都镇政府以及吴江融媒体中心等一大帮人在认真“种草”，全程直播 200 万只约 9000 公斤的幼蟹投入东太湖水域。七都人发明的“人放天养”实乃无为之有为的诚信宣言，己亥年始太湖蟹生长无人为干预。幼蟹如大衣纽扣，故名扣蟹。九月一日太湖开捕，湖蟹、塘蟹即可蜕壳为成年绿蟹，告别水下生活，开始带节奏爬餐桌。同年，10 月 1 日始太湖禁捕十年。而习惯了精耕细作的蟹农在经历了从拆除围养到“人放天养”太湖蟹的过渡期后，找到了一条生态养殖螃蟹之路。

在 S230 及燦烂大道两侧，政府仿太湖蟹自然生长环境规划了总规模 27255 亩的浦江源生态养殖示范园，统一对池塘规格、深度、水质监控、尾水处理等进行科学规划和管理，81 户经验丰富的蟹农租赁了一期 4225 亩水面，养殖密度控制在每亩 800 只左右，可年产螃蟹 600 吨且每只四两以上为主流。在沙盘模型上看到，园区的进水口设在陆家港，陆家港介于庙港和吴溇中间，太湖水翻过水闸向南进入陆家港，河道两岸民房鳞次栉比，深宅大院隐于其中。听管理员说园区还投放了天性喜食腐泥和有机碎屑的鲴鱼，鲴鱼属鲤形目鲤科鲴亚科，人工条件下被用来净化水质。

老吃客像周瘦鹃那样“吃厨师”，只要信得过的厨师出手就不会有将就的菜。买蟹也可如法炮制，以良心蟹农为友，直接在池塘边交易，真货实价情意浓；或认准诚信商户，略高的价格是螃蟹品质的保障，万一有差池，跑得了和尚跑不了庙。好蟹不在路边摊，物美价廉不存在。真想掌握刚起水绿蟹的第一手资料，谨记“眼看、手触、耳听、鼻嗅”四步骤：

眼看：一是“青背、白肚、金爪、黄毛”，第四侧刺明显，此为纯正湖蟹的长江 2 号；二是雌雄和蟹脐，按农历月份选“九雌十雄”是老吃客的原则，蟹脐饱满者佳；三是两螯八腿齐全，整体匀称，群蟹大小一致。

手触：一是逗蟹眼蟹脐，蟹眼灵敏张牙舞爪者佳；二是掂蟹重，手中要有坠重感；三是捏蟹足，应紧绷结实。

耳听：一是听商户吆喝声，区分太湖蟹、大蟹、稻田蟹，比如阳澄湖镇大闸蟹一定不是从阳澄湖里起来的；二是听螃蟹吐泡泡的声音，连续吐泡且动静大者优；三是听周遭环境，有无纠纷或理论声。

鼻嗅：一是嗅商户环境气味，不应出现腥臭和其他异味；二是嗅螃蟹，有自然腥味而不浓郁；三是嗅包装，一等的蟹如配有异味的包装盒，则前功尽弃。

实测之法，用在秋风起兮冬寒未至时，倘若在丹桂飘香之时有合乎者，大抵为偏寒地域之早熟蟹。好蟹亦需好煮手来料理，七都庙港等太湖渔民冷水煮蟹略放盐，水沸后计时不超八分钟提出，趁热吃，蟹肉回甘。

吃好蟹不建议蘸汁，蘸汁吃蟹，既无法验证实测效果，又易碎舌，还因味重而致使百菜无味。

九月团脐十月尖，湖塘竞起水中鲜。

炉上慢炖母油鸭，饮尽花雕只等闲。

饮食审美之味质色形

老吃客和厨师的良性互动，是教学相长的典范。如能将厨师和吃客框定在同一语言环境中，便可行“吃厨师”之实也。多年前研读《中国饮食文化概论》，对赵荣光教授的“质、香、色、形、器、味、适、序、境、趣”之十美风格印象较深：

质：原料和成品的品质、营养；

香：鼓诱情绪、刺激食欲的气味；

色：悦目爽神的颜色润泽，是食材本色和配料的统一；

形：美食效果，服务于食用目的的富于艺术性和美感的造型；

器：精美适宜的炊饮器具；

味：饱口福、振食欲的滋味，强调原料的“先天”自然质味之美和“五味调和”的复合美味；

适：舒适的口感，是齿舌触感的惬意效果；

序：指一台席面或整个筵席肴馔在原料、温度、色泽、味型、浓淡等方面合理搭配，上菜顺序，饮食过程的和谐以及节奏化程序等；

境：优雅和谐又陶情怡性的宴饮环境；

趣：愉快的情趣和高雅的格调。

我认为“十美风格”是理想化的审美评价，即便如此，还可继续做加法列举，如治（食治）、育（饮食教育）、伦（饮食伦理）、忌（饮食宜忌）等。还有，赵教授所归纳的“器”太过单一，器与多个评价要素相关，是味质色形之延伸，对于菜肴或筵席起着重要的烘托作用。保持食品之温度，使味质更佳。以器皿之色泽形状衬托食品色形，使人赏心悦目；“序”适用筵席，一般应遵循先冷后热、先浓后淡、先荤后素、菜点相间的出菜原则；“境”不应单指宴饮环境，也应包含菜肴或筵席的寓意和意境等。

饮食审美无止境，既然不能穷尽标准，我就化繁为简，以“味质色形”四要素论本谈标。

第一要素：味。

味由滋味和气味构成。构成滋味的要素称味素，味素以酸苦甘辛咸五味为基础，五味之外，还有食材在味素作用下产生的鲜，以及食材内含生物碱导致的涩等，味素无处不在。同一食物中味素品种的多寡，决定食物是复合滋味还是单一滋味。气味，是鼻前嗅觉和鼻后嗅觉对食物气味的判断。气味会因食材品种、生长周期、加工方式、烹饪方法、辅料以及调味料使用等的不同而不同。滋味和气味是有关联的，如糖醋排骨，尝到的滋味是酸甜的，闻到的气味是酸酸的醋味。味无法保存，但可以成为记忆。吃客将记忆中的味与眼前食物的味相比对，再将筵席所有菜肴的味，综合归纳，就可以给整桌筵席的“味”打分。

很难用文字精准描述味觉和嗅觉在进餐过程中捕捉到的滋味和气味信息，只能将感受较为强烈的滋味和气味凭记忆进行排序。在“味”的层面，感觉来自“味觉”和“嗅觉”两方面。假设“味觉”由“呡含和咀嚼”两部分构成，“嗅觉”由“前鼻嗅觉”和“后鼻嗅觉”两部分构成，辅以按感觉重轻急缓记录的“君臣佐使”序次，就形成了“滋味”和“气味”的两个矩阵。滋味矩阵为呡含君，呡含臣，呡含佐，呡含使；咀嚼君，咀嚼臣，咀嚼佐，咀嚼使。气味矩阵为前嗅君，前嗅臣，前嗅佐，前嗅使；后嗅君，后嗅臣，后嗅佐，后嗅使。

“君臣佐使”最早出现在《神农本草经》，君为主，君是红花；臣为辅，臣是绿叶；佐辅助君臣，弥补君臣不足；使调和君臣佐，是药引子。双矩阵鉴别法，对食材本性及厨艺技能有了相对客观的衡量标准。如清炖鸡汤，无论是重量、滋味，还是气味，鸡为君、火腿为臣、生姜为佐、盐为使。以不用桂皮和八角的苏式红烧肉为例，前嗅君为糖油脂香，前嗅臣为酱油香；呡含君为微甜；咀嚼君为微咸，咀嚼臣为微微甜；后嗅君为肉香，后嗅臣为糖油脂和酒酱姜混合香。蹩脚厨师不重视食材在烹制前的预处理，习惯依赖香辛料掩盖，却应了那句“欲盖弥彰”。有一回在某店吃柴扎肉，前嗅君是香辛糖油味，前嗅臣是稻草香，咀嚼后有油腻感，后嗅君是肉膈气，大失所望。

滋味有厚薄之分，气味有浓淡之别。苏州饮食遵循春秋淡薄、秋冬浓厚。“甘而不哝，酸而不酷，咸而不减，辛而不烈”是《吕氏春秋·本味》描写滋味之理想境界。这哝、减二字，可理解为吃太甜或太咸的东西后使喉咙不舒服的甜齁、咸齁。

烹饪的至高境界是“有味者使之出，无味者使之入”(清李光庭《乡言解颐》)。依食材本味之浓淡，而定夺食物味道之出入，为因材施烹。如“膻臊”不是牛羊猪肉的“本味”，“腥”也非鱼的本来气味。厨师需依法去膻去臊去腥而矫正食物的本味。如冷水预熟消除肉膈气，白鱼活杀暴腌去腥清蒸等均为激发食材本味之范例。对于食材本味较淡者，则需厨师通过不同食材或香辛料的组合进行赋味。如动植物油脂与绍酒、冰糖、酱油相互作用，融合为苏州经典之红烧菜味。

对于筵席而言，要合理组合主、辅食材，烹饪方式以及味型，主材忌重复使用。若无法避免，则应体现不同的烹饪、味型以及赋味方式。做到滋味有起伏、气味有变化。

有温度加持的味是食物的灵魂，失去合适温度的食物味同嚼蜡。

第二要素：质。

质，既指食材的质地及食物的口感；也指质量，通常指该物体所含物质的量，生活中质量等同于重量。

荤素食材的质地因品种、生长环境、生长年限、自然觅食或人工饲养、鲜活程度、存储条件等的不同而千差万别。袁枚《随园食单》先天须知："大抵一席佳肴，司厨之功居其六，买办之功居其四。"食材的本质好，厨师烹制成美馔的概率就大。每一种鲜活食材，或者由鲜活食材加工而成的半成品，都有其自身的特质。这种特质可以通过视觉、触觉、嗅觉、味觉乃至听觉获知。如视觉方面，晒干了的菜花头干必须密封冷藏才能保持香味及翠绿的颜色；又如触觉方面，主要通过牙齿、舌头和口腔感知食物的质地，按程度可对应为脆韧、涩滑、肥瘦、老嫩、软硬、松紧、酥僵等。如脆萝卜、脆鳝、海蜇头等菜肴，应有爽脆的感觉，口感绵软则属品质差。厨师能通过厨艺改变食材的质地，提升食物的品质。如不经水浸的土豆丝，烹饪后口感绵软。土豆丝浸水后，因其淀粉变性而使口感脆爽。涨发海蜇，以提升其脆度。爆腌白鱼，用网兜装鹅卵石压之，则易成蒜瓣肉。牛肉用果蔬汁腌渍，可使肉质变嫩。虾仁经过浆制，可提升滑韧度等；好品质之食材，有食材自然的芳香或气味，嗅之无异味，正常之食材加工品亦然。

食物的口感因食用者年龄、地域以及饮食习惯等的不同而要求各异。如年轻人大多喜欢松脆而有嚼劲的食物，他们是烧烤和油炸食品消费的生力军。而年长、体弱或养生者，多喜酥软之物。如苏州菜中的肉类，无不以此为标准。

质量，既指单一菜肴的重量或筵席的食物总重量，也指一餐谷肉蔬果的结构。如果按照1毫升约等于1克计算，成人每一餐的胃容积，男女略有差异，饮食不节制可达2000克或更多。成人每餐摄入1200—1400克食物（含汤水、饮料、主食、水果）是比较舒服的吃法。吃得过多，会影响消化及进餐规律，菜吃不完又浪费资源。

成书于战国晚期的《黄帝内经》是中国传统医学的渊源，其第七卷脏气法时论篇，有曰：“五谷为养，五果为助，五畜为益，五菜为充。”以谷物养正气，以果助养正气，以畜类补益正气，以菜蔬之气充实于脏腑。谷果畜菜又包含了酸苦甘辛咸五味，“气归精，味归形，故合而服之，可以补精益气。”简言之，餐食中谷肉禽蛋奶豆制品果蔬等均应占一定的比例。至于是单独成菜还是配伍主辅，则按味质设计确定。如菜肉合一的大头菜炒肉丝，一般肉丝为三成，香大头菜的咸味与气味相辅相成，咸味去尽时气味亦绝也。

食物的质地和质量相辅相成。吴语“好食勬孛饱人吃”佐证了食物的品质和数量的辩证关系。

第三要素：色。

色，食物在餐具中所呈现的色彩。食物的颜色，食物与餐具颜色的对比，以及光源、环境等都会影响进餐者的视觉感受。颜色由色相、明度和纯度三要素构成，眼睛看到的红、黄、青、绿、白、黑等色的状态称色相；明度是明亮的程度，一般以低明度、中明度和高明度表示，低明度指暗色，高明度即亮色；同一种色相，也会有不同的鲜艳程度。如红色，有猩红等鲜红色，也有褐红等暗红。最鲜艳的颜色为纯色，如番茄炒鸡蛋。淡色、浊色及暗色则为低纯度色，如香椿未经预处理炒鸡蛋。

菜肴的色彩，贵在不杂乱。菜盘中的颜色越少，色彩纯度越高就越鲜艳。单个菜肴一般不超过三色为宜，如碧螺虾仁即为翠绿和淡粉二色。清风三虾，以虾仁、虾籽和虾黄以及衬底的荷叶形成三色相；如菜肴主辅料色彩三种以上，且为等分者，则需将食材有序排列组合，如常熟蒸菜之一品锅。如菜肴食材君臣佐使明了，则佐使之色为点缀。如苏州名菜松鼠桂鱼，拍粉油炸的松鼠鱼身为金黄色，少量笋丁、青豌豆、香菇、香醋与番茄调味汁勾芡一起浇在鱼身上，撒上十来粒粉白的虾仁，远观金黄、橙红和淡粉，近看色彩有些小变化。

江浙菜在食物色彩上，约定俗成。以酱香调味的菜肴，大致为枣红色，其色随明度（色彩的明暗和深浅）的不同而有所变化，如红烧肉、红烧鳗鱼弃用老抽其色较浅，以冰糖替代砂糖则色泽明朗。清蒸，则以彰显食物固有色为要。如桂鱼、激浪鱼、爆腌白鱼等，以其花纹、腠理深得食客喜欢。厨艺亦可提升食物的固有色的美观度。如莼菜经过焯水和冰浸其色亮泽，蕹菜、韭菜经盐杀后再炒则生青碧绿等。

餐具器皿的色彩要与肴馔食物相搭，如茭白丝、蒲菜、萝卜丝等白色食物，可使用深色餐具。红烧、烟熏烹制而成的食物，宜选用浅色餐具。围边装饰也不能干扰菜肴色彩。筵席的色彩可借助食物和餐具色彩在鲜艳度和饱和度方面作出区别。

第四要素：形。

形，兼指食物所呈现的状态和特有形象之造型。老吃客通过吃菜可知厨师本事，如评“缺了一口气”是指欠了些火候。苏州菜中除整鸡整鸭全鱼等造型菜外，为方便配菜及烹饪，需借助一定的刀法，将食材按需加工成块、段、片、条丝、丁粒末、茸泥以及剞花等七类形状。有些菜不需要造型，却讲究食物的块形。如红烧老鹅，冷水预熟后剁块，则其形方正，反之则疲沓矣。食物的形状和口感，亦需相辅相成。如鱼圆，形状要求是圆白而又能浮在汤面。口感则要求不绵，有一定的韧劲。又如狮子头，形状要求圆而完整，状态颤而不垮。口感要求则为软糯嫩，用调羹舀食为上……

状态是“质”的外在表现。肴馔能不能吸引食者，状态是决定性因素。如苏州名菜松鼠桂鱼，剞菱形刀纹粗细一致，成菜貌如松鼠为有形，有无体现松鼠的神态，是厨艺高下的试金石。受过文化熏陶的烹饪大师，其制作的松鼠桂鱼，头部与身子相接并略呈钝角，松鼠非仰天而是扭头回望，以瓜果饰于鱼眼处，显现俏皮神情。有人将桂鱼胸鳍以上部位去头骨作为松鼠头，反而有獐头鼠目之嫌。

食物的状态需要厨师用心赋予，如炒苋菜，在盘中堆高，食之符合烂、淡、烫，即为在状态；比如樱桃肉，肥膘显透、肉皮四角稍坠、表面自然红艳，则在状态；又如红烧河鳗之状态，应寸段完整、连皮脱骨、蒜香四溢；再如糖醋排骨，苏州菜的糖醋排骨，用肋骨，经炸煮烹制而成，以上口酸甜、肉嫩脱骨、骨可吮汁、回味酱香为状态。

食物的形态应围绕主题，呈现多种风格。立体造型的食物不应阻碍食客视线，造型不能增添额外的服务负担，特殊造型菜上桌时应有相应介绍并设计请主宾参与的环节，让就餐者感受浓浓的仪式感。如锤击叫化鸡泥封，八宝鸭去除胸骨，件子砂锅开启红封条等。

筵席中的菜肴造型，谨防类同，杜绝杂乱。每盘菜的配伍规则，一般为丁配丁、丝配丝、片配片……菜肴之间避免出现造型重复的食物，如同为条、同为丁、同为茸等。形状的主体是菜肴本身，餐具器皿起辅助作用，不可越俎代庖，不可过度装饰。食物在盘中，轮廓线需流畅及适度饱满；食物造型，应传递祥瑞、喜庆、圆满等正面信息，以及宴请主题和主人意愿，其形态应符合本区域居民饮食习惯，不可引发歧义或令人惊吓。如苏帮菜对鳗鳝处理极为讲究，不作盘龙蒸。酱鸭出骨以花形装盘，如带骨则拼成飞鸟形，菜肴出品绝无残、败、枯、贱等贬义。

味质色形，是饮食审美的核心要素。味质是本，色形为标。《吕氏春秋·本味》曰："求之其本，经旬必得；求之其末，劳而无功。"功成名就之厨师，可借器皿之力实现标本兼治。

招魂，三闾大夫用吴羹

大约在公元前1154年，泰伯与仲雍离开周原，在东南蛮地一个叫勾吴的地方打拼。又过了108年，姬发在完成太祖父古公亶父的翦商遗愿，建立周王朝后，寻找泰伯、仲雍后代，知泰伯无后，遂册封仲雍曾孙姬周章，并将勾吴列为诸侯国。

当时机光顾到仲雍第十九代孙寿梦时，颇具雄心的他加强了与周王朝和其他诸侯的联系，并称王于世，公元前584年他拉开了长达八十年的吴楚战争序幕；前496年吴王阖闾又开辟了吴越战场，前474年越吞吴。前306年，楚灭越。十年后，楚怀王客死秦国，三闾大夫屈原作《招魂》，信手拈来吴羹和吴歈，留下了“和酸若苦，陈吴羹些”“吴歈蔡讴，奏大吕些”的名句，“三闾大夫”是战国时楚国特设的官职，主持宗庙祭祀，兼管贵族屈、景、昭三大氏子弟教育。《楚辞·大招》也有“吴酸蒿蒌，不沾薄只”“吴醴白糵，和楚沥只”等句。

公元前222年秦灭楚，设吴越之地为会稽郡，并以吴县为郡治。据此，楚辞《招魂》和《大招》所提到的“吴”，实非吴国或吴县，而是指吴国曾经的地盘，简称吴地。那么，吴地范围有多大呢？

唐代开元年间，张守节为《史记》注，作成《史记正义》：“吴地，斗、牛之分野，今之会稽、九江、丹阳、豫章、庐江、广陵、六安、临淮郡。”之后，吴人陆广微约于唐僖宗乾符三年（876）依据《史记》和《吴越春秋》，撰成记录古国吴地之事的《吴地记》，言春秋时期吴国的本界“东亘沧溟，西连荆郢，南括越表，北临大江”。沧溟即为一望无际的大海；荆郢在公元前689年至公元前504年是楚国都城，位于今湖北荆州市的纪南古城；南与越国接壤，大致到湖州、嘉兴一带；大江所指淮水、泗水以南。

古之吴地广博，乃“百里而异习，千里而殊俗”(《晏子春秋·问上》)。他乡之羹何如？日前，与苏州阿丁聊吴江芦墟和震泽两地在饮食上的方言差异，引四座捧腹。芦墟人说“呐淘呀，呐不淘，嗯努要抄上来忒。”芦墟方言“呐”是你，“嗯努”是我。震泽人听成“你逃呀，你不逃，我要扇你”。真相是，芦墟人准备了生笃面筋，面筋亦称麸筋或生麸，所谓生笃是指水面筋包馅后随即放入鸡汤或黄鳝汤中。生笃面筋是芦莘厍周一带集镇居民待客大菜，需趁热吃。主人请客人自己舀汤到碗里，如果客人不动手的话，就由主人为客人舀。芦墟话自己用勺舀汤为淘，如淘水饭；抄，作名词是汤匙、勺子，为别人舀汤则为动词。此为吴越水网地区“十里不同音，百里不同俗”之范例。

三皇五帝时代，羹为带汁的肉。如钱铿用雉和稷“制羹献尧”获封彭地，后人称之彭祖。战国时吴羹、吴歈、吴酸、吴醴入楚辞，说明吴地饮食和文化已经深深影响世人。比如温柔敦厚、含蓄缠绵、隐喻曲折的吴歈，吴江芦墟山歌、常熟白茆山歌、张家港河阳山歌就是其中的代表，听腔调就觉得是上古遗音。大概南北朝起，羹有了汤的意思。《礼·乐记》：“大羹不和，有遗味者矣。”古代祭祀之羹称大羹或太羹，是没有调和五味的肉汁。

煮成粥状流汁或汤汁较浓、较多的菜肴，即为羹。羹在古代是人们日常生活不可缺少的食物，《礼记·内则》：“羹食，自诸侯以下至庶人无等。”不同之处，在于常食为菜羹，礼食为肉羹。吴地最具代表性和文学价值的羹，当数西晋时张翰所思的“莼羹”。

沧海桑田，当今之羹一般用水淀粉勾流芡而成，流芡即玻璃芡。吴羹，因其取料随意、烹饪简单而得以传播，而今细露黄鱼羹、酸辣肚丝汤、鸡火烩海参、烩鱼肚、芙蓉莼菜、鸡火烩莼菜、白梅莼菜、苹果酪、菠萝蜜酪、桔酪圆子、山楂酪、八宝鸡头肉、桂花栗白果、鸡粥明骨、细露烩鸭腰等则是苏州榜上名羹。

追踪苏式汤面

坦白地讲，独立生活之前，我早餐吃的基本都是白米粥和自制腌菜，没有馒头、面条或鸡蛋面饼。母亲是信用社的会计，父亲是公社时常下乡蹲点的干部，记忆中最好吃的面是母亲在年度结算后带回的夜宵，印象深处有两三次是被母亲半夜喊起来喂我，搪瓷杯里盖着厚厚一层勾了芡的清炒肉丝，肉丝下则是吸足了汤的面。背书包的岁月里，午餐或晚餐会大概率吃到母亲煮的糊涂面。虽说是糊涂面，但还未到筷子挑不起来的烂糊状。切面店买生湿面，用剩的生湿面在没有冰箱的年代只能盘卷在竹筛里晒干收贮，以备不时之需。锅里水沸后下面条，再沸下青菜，面汤煮得略有糊芡时，下一勺猪油，撒些胡椒粉，就是菜点合一的美味了。

可能是双职工带孩子无暇煮饭或是省得开油锅炒菜的缘故吧，糊涂面省菜省时，归根结底是省钱。工作后实现了早餐的面条自由，上世纪80年代初的八都小镇并无面馆，早上自带搪瓷餐盆和筷子，去饮食店排队买阳春面吃，面汤其实就是酱油、猪油、盐、味精、葱花和开水，为何不吃浇？财务没自由。等自己成了家，为了省时，妻子也煮震泽人称青菜一落面的糊涂面。至于吃糊涂面的好处，东坡先生的《养老篇》说得很明白："烂煮面，软煮肉，少饮酒，独自宿。古人平日起居而摄养，今人待老而保生，盖无益。"养生莫等老，好事要赶早。

南稻北麦的格局，大概在神农时代已经形成。"神农因天之时，分地之利，制耒耜，教民农作。”(《白虎通·号》)良渚古城遗址20万斤水稻的仓储，实证了五千年前的史前社会稻作农业的发展成就，江南人稻饭鱼羹由来久矣。面食在江南登堂入室，与永嘉之乱、安史之乱和靖康之难引发的三次北方人口向南大迁徙密切相关。特别在南宋高宗初年，江、浙、湖、湘、闽、广等地西北流寓之人遍满，南方“麦一斛至一万二千钱，农获其利倍于种稻”，于是朝廷为解决口粮和照顾移民的饮食习惯，规定“佃户输租，只有秋课，而课麦之利，独归客户。”孝宗淳熙七年(1180)：“复诏两浙、江、淮、湖南、京西路帅、漕臣督守劝民种麦，务要增广，自是每岁如之。”面食不但能疗饥，还丰富了吃食品种，有啥吃啥才会增加生存的几率，这是人以食为天境界的随遇而安。当下大苏州人口超千万，土著血脉日渐稀少，不断输入的中原及北方的饮食习俗被吴文化一方水土所包容、所融合，演化在姑苏的日常生活之中。

麦子磨成的粉称面粉，用面粉制成的食品为面食，早期面食统称为饼，先秦典籍《墨子·耕柱》的“见人之作饼”句，佐证当时北方饮食皆为面食。饼有多种，东汉刘熙《释名·释饮食》：“蒸饼、汤饼、蝎饼、髓饼、金饼、索饼之属，皆随形而名之也。”汤饼为汤煮且连汤一起吃的面食。西晋束皙《饼赋》：“玄冬猛寒，清晨之会，涕冻鼻中，霜成口外，充虚解战，汤饼为最。”热汤最能御寒、发汗、运化精谷，此《饼赋》为苏式汤面之面汤须烫订下了规矩。

明代蒋一葵的《长安客话·饼》则以成熟方式释名：“水瀹而食者皆为汤饼。今蝴蝶面、水滑面、托掌面、切面、挂面、馎饦、馄饨、合络、拨鱼、冷淘、温淘、秃秃麻失之类是也。水滑面、切面、挂面亦名索饼。笼蒸而食者为笼饼，亦曰炊饼。今毕罗、蒸饼、蒸卷、馒头、包子、兜子之类是也。炉熟而食者皆为胡饼。今烧饼、麻饼、薄脆、酥饼、髓饼、火烧之类是也。”瀹，煮也。索有搓、绞之意，如绳索。可以称作汤饼的东西较多，然汤饼中的索饼与当今的面条相差无几。清代成蓉镜在《释名疏证补》中论及：“索饼疑即水引饼。今江淮间渭之切面。”再看后魏贾思勰所著《齐民要术》饼法第八十二有“水引、馎饦法”，所用面粉要过细绢筛。吃之前需“以成调肉臛汁，待冷溲之”，想必是夏日妙品。

《齐民要术》记水引法：“挼如箸大，一尺一断，盘中盛水浸，宜以手临铛上，挼令薄如韭叶，逐沸煮。”挼为双手揉搓，逐沸煮为趁着水沸下锅煮。此水引法未记载煮至什么状态，会不会也像糊涂面一般？而馎饦之法为：“挼如大指许，二寸一断，着水盆中浸，宜以手向盆旁挼使极薄，皆急火逐沸熟煮。”从字句描述看，水引比馎饦长，馎饦比水引更薄而宽。汉以后“索饼”作为面食的记载已不多，南宋林洪《山家清供》记载的玉延索饼是用山药磨粉做的粉条。“水引”之名也没走进隋唐。“馎饦”之名自北魏始至元代，用料广泛，小麦粉、青稞麦粉、大麦粉、山芋等，亦有将羊肾生脂、鲜虾肉泥等与小麦粉拌和，形状也由最初的宽长片演变为宽而长、细而长、方叶形、厚片，“阔细任意”或“擀切成阔面”等。陕西十八怪之“面条像裤带”恐怕也是馎饦之隋唐遗风。

转眼到了南宋，江南浦江出现了“水滑面方”：“用十分白面，揉、搜成剂。一斤作十数块，放在水内，候其面性发得十分满足，逐块抽拽下汤煮熟，抽拽得阔薄乃好。”此“面性”乃是充分聚合筋力，无筋力之面经不起煮。苏式生活除了雅致，还有安逸。我信奉悠然得至味，不紧不慢手工上出的活最宜人。在面条的机械化生产时代，将面粉演变到面条的过程，也应该略为放慢脚步，不然容易吃到僵僵的“死面”。元明之际，平江（苏州）人韩奕著《易牙遗意》，汤饼类收录“燥子面”为浇头做法，水滑面浇头为“麻腻、杏仁腻、咸笋干、酱瓜、糟茄、姜、腌韭、黄瓜丝做齑头，或加煎肉尤妙”。与浦江《吴氏中馈录·水滑面方》无异。将芝麻、杏仁在石臼内捣烂到黏糊状，称麻腻或杏仁腻。齑头为雅称，俗呼臊子是也。另有“索粉”乃“每干粉一斤，用湿粉二两，打成厚浆……搓索下滚汤中，浮起便捞在冷水中，沥干，随意荤素浇供”。真希望能在炎炎夏日的中午，在听得到蝉鸣声、看得见荷花的凉亭或水榭中与三五好友分享美味的索粉。

元代时，出现了与水滑面相同的索面以及挂面、红丝、红丝面、经带面、炒鳝乳齑淘、冷淘面法等，其中红丝为羊血和白面，红丝面为白面中渗入虾茸、川椒汁，炒鳝乳齑淘是素浇冷拌面，冷淘面法记载于《云林堂饮食制度集》，是冷拌面的各种冷浇头制法，喜欢吃面之人又要馋唾水嗒嗒滴了。

明代，江苏松江宋诩《宋氏养生部·面食制》记有鸡面、虾面、鸡子面、豆面、莱菔面、槐叶面、山药面、玲珑面，所记鸡、虾等并非面浇，而是通过一定的手段将他物揉搓进面粉之中，以增加面条鲜香。眼下姑苏多食府会所私房菜，不知哪家曾仿古？

自清代始，面的花样多了起来，汤煮也有了定式。清冲斋居士《越乡中馈录·下面》：“煮水极滚，将面抖开投入，加镬盖煮之，俟面浮水面，即熟矣。如面身燥硬，及碱少者，应多滚一二次，以面不白心为度。”不白心则断生，面馆二灶大师傅算准了那碗面刚刚端到客人面前断生，遇到技术差的师傅就只能吃夹生面了。汤煮有了标准，阳春面就不会变糊涂面了。

当下面馆很少自备轧面机，大多是怀揣配方找可靠切面房定制，轧面既是体力活，更是技术活，苏式汤面的机制面条，一般分粗细两种，受传统的切面刀钢轴强度以及机械加工工艺的制约，面条直径一般在1.2至1.5毫米。随着机械加工技术的进步，新式面条直径可以降低为0.8至0.9毫米，甚至更细。听面馆业前辈讲以前面馆自己压面都在五遍以上最多九遍，为的就是反复压制的面条可以在热汤中较长时间保持原貌而不会吸干汤水，所以苏式汤面趁热吃的道理，就是要达到面条挂汤而面条不糊。

融合了专业厨艺的民间面食，最终均将演化为各地特色美食，苏式汤面也不例外。民间开水冲猪油的阳春面，逐步衍化出红汤、白汤、原汤三大类苏式汤面。红汤之红绝大多数为提炼过的红焖肉卤汁，行内称“助汁”。一碗以酱油、猪油、盐、味精和开水冲就的民间阳春面汤，与用助汁的阳春面汤有着天壤之别。老字号面馆会加入自备的风味物质，比如爆鱼卤汁或者酱鸭卤汁等成为复合风味的助汁，在挑面前或挑面后再浇入额外的大骨鸡汤，就形成了面馆之间汤味各不相同的格局；也有用鱼骨、猪骨及酱油炖煮而练成助汁，如以重油著称的奥灶面之红汤，以助汁加红油再冲入滚烫无盐味的好汤而成。

吃面人呼白汤，非汤白，而是汤清。白汤面的代表有枫镇大面和奥灶卤鸭面，枫镇大面的助汁由白焖肉卤汁加入鳝鱼清汤炼制，再加发酵的上好酒酿就成为独特的好汤头，哪怕就是冲开水下去，也是鲜得掉眉毛；奥灶卤鸭面的助汁，则是炖煮卤鸭的浓缩卤汁。

原汤即烧煮食材的原卤汤汁，原汤面算是苏式汤面的特例。比如吴江震泽、桃源、盛泽等地的红烧羊肉面，面汤即为肉卤。其中已经传承了四代的盛泽雷顺兴面馆，创办时就以整只羊腿的“生笃羊肉”最为闻名，生笃羊肉面几乎除了三伏全年供应。在隆冬的日子里还有干切羊肉，佐酒或过桥作面浇两宜；比如从纯粹的喝汤时代走过来的藏书羊肉汤也兼营面条，奶白色的面汤别有滋味，鱼头汤面同理；以及颇有吴越古风的炒浇面，浇头炒熟后加入断生的面条，注水煮开，怎一个鲜字了得。

元忽思慧《饮膳正要》言：“古人有云：入广者，朝不可虚，暮不可实。然不独广，凡早皆忌空腹。”广，通“旷”，意为空阔之地。如此说来，早上吃一碗尚好的汤面，除了守吴地皮包水的习俗还有养生功效。而对于吃客，在靠谱的面馆吃一碗头汤面，也是给自己的味蕾定味，味道对了整天舒坦。

黎川美食正经馋

黎里，旧名黎川、梨花里。

辛卯孟春初九，黎里古镇综合开发正式拉开序幕，某天，陪吴江美食微电影编导前期调研，委托金晓琴买好早点，那一天我第一次吃到叉头饼，编导更是如获至宝，吮指大啖。对于黎里人稀松平常的美食，竟然可以让上海人眼里发光，虽出意料之外，毕竟情理之中。同年 9 月吴江撤市设区，省市各级领导都对黎里古镇开发寄予厚望，有一天应乐活六点档的请求，我推荐了辣鸡脚、李永兴酱鸭和套肠三样黎里美食，节目播出后苏州市民闻讯而至。

2014 年国庆前，区政府在东太湖生态园举办首届特色小吃展，本土小吃中黎里冯记油墩摊位前排的队伍持续最长，那一年黎里送展的油墩、套肠以及生禄斋茶点等成为吃货们的心头爱。次年，我策划了“探寻小吃”活动，黎里有 12 家商铺 27 个品种经大众评委、美食大咖和媒体记者现场品鉴，最后辣脚、油墩、海棠糕、粢饭团、锅贴、菜花头肉团子、绿豆糕、汤锣饼等八个品种成为黎里代表性小吃。

原以为自己对黎里美食有足够的认识，看到由南社学者、黎里乡贤、本土作家以及文学爱好者等 12 人撰写的 70 篇黎里美食文章，才知道我的“足够”远远不够。

《黎里美食》盛卷在故事传说中慢慢展开，有始于乾隆初年，招婿必上的乘龙蹄；有工部尚书宴客时，仍守“蹄子八样头”食俗，自己桌上以楠木蹄子浇肉汤充数的节俭故事；有提桶叫卖，深得乾隆喜欢的木桶酱鸭；有慕名学艺，名扬四邻的宫保鸡丁；有年节走亲访友必备，非定制吃不到的百果糕；有以菜薹汆水晒干贮存，浸泡还原作馅的乡村美食菜花干团子；有乾隆五下江南后每年中秋贡呈千只的生禄斋月饼，及另献二百的袜底酥；有传说元末苏州张士诚逃难乞讨救娘的酒酿饼等。如果刚离开黎里再看到《黎里美食》这本书，岂不追悔莫及？！

今日黎里，由原芦墟、莘塔、北厍、金家坝和黎里五镇合一，随着黎里古镇旅游文化吸引力的不断增强，本土美食也逐渐向古镇集聚。黎里美食制作者绝大多数为黎里人，捧场者半数以上为黎里人，无形中逐步形成了套肠、辣脚、老虎豆、多肉馄饨、油墩等黎里地标美食，有些美食已经随着吃货群而在松陵、盛泽等地开枝散叶。

戊戌仲冬，凭借周宫傅祠、端本园、柳亚子纪念馆、古镇展示中心、锡器馆、六悦博物馆、古镇老街、毛啸岑故居、梨花应春党建工作站、揽桥荡生态公园、昭灵观等景点群以及优质的服务管理，黎里古镇晋升为国家 AAAA 级景区。

黎里不若他处，但美食的吸引力可以超出你想象。

江南运河宴

江南运河宴是中国名宴，得此殊荣绝非偶然。

公元前 495 年，吴王夫差开挖全长一百七十余里，自苏州经无锡至常州奔牛镇与孟河连接，贯通长江的人工水道。大业六年（610）隋炀帝重新疏凿和拓宽长江以南运河古道，形成江南运河。江南运河自春秋时期开始建设，隋代形成，到唐代中叶基本定型，千百年来从未停止过重筑、修缮、疏浚，但走向、大致风貌变动不大，基本保持了“原始线路”，弥足珍贵。

江南运河起自镇江谏壁口，经丹阳、常州、无锡、苏州、吴江、南浔，止于杭州，贯通长江和钱塘江两大水系，流经的太湖流域，自古就是鱼米之乡。

江南运河苏州至杭州段是中国大运河世界文化遗产中航运最繁忙、最具活力的河段，太湖流域丰沛的水源更使大运河在新时代成为“南水北调”东线主力。上世纪 70 年代后期，水运需求大增，而运河穿平望古镇多为不便，于是在镇西新开运河。大运河借道太浦河往西再南向，穿草荡，连烂溪，流经盛泽、坛丘、南麻、铜罗、桃源等地，然后入浙，经乌镇、新市、练市、临平等地至杭州。

吴江处在江南运河的特殊地段，打开地图，江、河、湖、荡、漾占了吴江近四分之一的国土面积。京杭大运河、吴淞江、太浦河、太湖、东太湖、同里湖、南星湖、汾湖、澄湖、三白荡、元荡、大龙荡、北麻漾、长漾等纵横交错、星罗棋布。三里路长的吴江古纤道，是京杭运河上唯一留存至今的古纤道。

南宋时，田园诗人范成大将苏州民谚“天上天堂，地下苏杭”编入《吴郡志》。经过八百多年的岁月锤炼，如今只要有人提到这句民谚，就会有吴江人在后面跟上一句“苏杭中间有吴江”，言语中洋溢着经济富庶、社会和谐的自豪。

从考古材料看，早在五六千年以前的新石器时代，太湖之滨的稻作文化、渔猎文化已经初现端倪。汉代，松江和太湖中的鲈鱼开始出名。魏晋之时，因吴人张翰的缘故，美味的莼羹、菰菜、鲈鱼脍声名大振。隋代，吴地的“金齑玉脍”被隋炀帝称为“东南佳味”。吴地用太湖产的鱼、蟹制作的鲊、蜜蟹、糟蟹也成了贡品。唐代，关于太湖水产的记述多了起来，有白居易、陆龟蒙等诗句，使吴江更有了“鲈乡”的别称。宋代及其后，太湖中水产的名气更大。据《随园食单》《清嘉录》《养小录》等书记载及吴歌中所反映的，吴江及其周边地区，已能用太湖水产烹制出许许多多的佳肴。

运河两岸百姓钟情水产、兼顾畜禽蔬果的饮食习惯，构成了江南运河宴的框架，具有明显的历史饮食文化传承。

吴江宾馆一直坚守水乡田园味道，先后主办了冬之宴、蚬子宴、太湖莼鲈宴等苏式风格的主题宴，撤市设区后更是努力接轨苏帮菜，请进来、走出去，力求在厨艺上不断精进，所推寒食宴、端午宴、重阳宴、冬至宴、太湖素宴等广获食客好评。2015 年冬月，第二届江苏厨师节暨江苏当家菜大赛在吴江宾馆举办，吴江宾馆诚邀资深中国烹饪大师、江苏省烹饪协会顾问徐鹤峰先生担任技术指导及监制，以“江南运河宴”宴请八方来宾，受到中国烹饪协会和中国饭店协会领导、各地烹饪评委、美食专家以及全省参赛厨师的一致好评。之后，又按季推出了春季版、夏季版、秋季版、冬季版……循环往复，2017 年 9 月中国烹饪协会授予

“中国名宴”荣誉称号。

吴江宾馆的江南运河宴包括一道水果、六道前菜、四份手碟、六道热菜、三道美点、一道甜品。设计精巧，构思独特，主要体现在“传承苏帮菜”“不时不食”和“本土食鲜”等方面。

“传承苏帮菜”。江南运河宴传承了具有悠久历史的苏帮菜特色，汲取了千百年来苏帮菜的精髓，其冷热菜肴和点心甜品，均在苏帮菜的基础上结合吴江食材特点融合发展。苏帮菜被称作“雅致的文人菜”，每道菜都是医人、文人和匠人精神的和谐统一。出品及味型符合苏帮菜特色，烹饪方法以炒、烧、煮、煨、炖、蒸为主，亦有煎炸、烧烤之类。口味富于变化，不拘一格。在追求本味鲜、原汁原味的同时，追求清鲜、咸鲜、鲜香之品，亦有糖醋、酱香、酒香、糟香、辣味、芥辣之品，质感上则求嫩或爽脆、酥松等。

“不时不食”。凸显“不时不食”的饮食养生理念，这正是江南饮食讲究“吃时新”的传统传承。吴江宾馆设计江南运河宴四季菜单，无论是鱼、虾、蟹、螺、蚬、蚌，还是青菜、芹菜、茭白、慈姑……均顺时应令，力求新鲜。“不时不食”还体现在不同季节对食材烹饪方式以及口感的变化，春夏清淡，秋冬肥浓，糟醉春夏美味，烤炖秋冬至味。

“本土食鲜”。充分利用当季本地食材，挖掘吴地食俗，配以独特的设计、烹饪、调和，家菜精做，重在创新，经济实惠。吴江的水稻、麦子、油菜、蚕桑、林果的生产自古有之，尤其水稻生产秉承数千年的传统，品质优良，北宋苏舜钦有诗云“吴江田有粳，粳香春作雪”。香青菜、雪里蕻、香大头菜等本地蔬菜，湖羊、水牛、草鸡、土鸭、菜鹅等畜禽产品，还有广为民间传承，经加工而成的水面筋、酱蹄、酱鸡、酱鸭、青鱼干、熏豆和黑豆腐干等特色美食均融合运用到宴席之中。

江南运河宴在主题摆台及盘面装饰上采用符合季节时令的花草，如竹叶、荷叶、枫叶、勿忘我等。配合出品分为三个乐章，分别配合播放《姑苏行》《茉莉花》《江南好》等轻音乐。重要菜品上桌时，请贵宾象征性地揭盖、举锤等，是以增加宴会的仪式感。

江南运河宴，专属吴江的好宴。

长三角融美食

创立吴越美食推进会那一天起，我的事业轨迹就离不开美食了，十余年来，与志同道合者一起培养厨师、培养吃客，推动农产品上桌是践行服务企业、服务大众、服务三农的抓手，一心一意地耕作丰饶的吴江饮食文化土壤。借助南宋杨万里《松江鲈鱼》之“白质黑章三四点，细鳞巨口一双鲜”的诗句并与实物比对，推断西晋张翰“莼鲈之思”之鲈乃当今中国花鲈；以应季主题宴锻造厨师团队，彰显苏州饮食不时不食之古训；设计“探寻小吃”“寻找好面”等活动挖掘吴江本土美食，并将之从小巷深处的百姓寻常消费变成一地一镇的吸引物，有的还成为时尚饮食的标志物。

生活在吴江，正餐大概率是饭稻羹鱼，相邻的青浦和嘉善也是如此，千百年间变化不大。除此以外，一切都在发生巨变。谁能想到，“青吴嘉”全境2300平方公里入列长三角生态绿色一体化示范区，成为长三角区域一体化发展的先行军。在策划并组织了一体化示范区地标美食评选活动后，顿觉自己的责任不应仅为吴江的一亩三分地。

2019年10月25日，国务院发文原则同意《长三角生态绿色一体化发展示范区总体方案》，指示要“走出一条跨行政区域共建共享、生态文明与经济社会发展相得益彰的新路径”。在此背景下，青浦、吴江和嘉善三地成为一体化示范区，目标是2035年全面建设成为示范引领长三角更高质量一体化发展的标杆。长三角区域一体化发展是国家战略，范围包括沪苏浙皖的41个城市。

将一体化示范区面积放大近100倍，就是长三角一体化发展中心区。上海，南京、无锡、常州、苏州、南通、扬州、镇江、盐城、泰州，杭州、宁波、温州、湖州、嘉兴、绍兴、金华、舟山、台州，合肥、芜湖、马鞍山、铜陵、安庆、滁州、池州、宣城等27个城市的任务是“辐射带动长三角地区高质量发展”。

“一体化”“高质量”自然也不能绕过与人民群众的生活和生产休戚相关的美食，美食既发挥食物的一般功能又令人产生愉悦的心情。中国文明投射在饮食上亦呈现多元一统态势。依共同或同类的语言、文化、风俗，相互之间互为认同这个标准划分，汉民族大致有16个民系。沪苏浙皖以吴越民系和江淮民系为主，兼有中原民系、江右民系。就全国范围而言，前分“南食”“北食”，后有川、鲁、苏、粤等，此谓多元；一统，即注重人与自然的和谐，摄食养生，五味调和以及饮和食德等。

多元化带来的美食多样性也是城市经济文化发展的重要指标。如《上海饮食服务业志》记载：“到20世纪30年代，上海酒菜业已具有京、广、川、扬、沪（本地）、苏、锡、宁（宁波）、徽、闽、湘、豫、潮、杭、清真和素菜等16种地方风味特色。”在新时代，饮食发展的多元化态势正在席卷长三角城市群。

当下是“流量时代”，大到餐馆小到夫妻门店，都能在城镇人群的三餐中分得一杯羹。美食是城市与外界亲和的重要基因，比如苏州汤面、镇江锅盖面、宁波咸蟹、南京盐水鸭、扬州或泰州早茶等，各色的美食都能吸引对应的吃客；美食是一扇打开了的城市窗口，很多人看了《舌尖上的中国》《地道风物》《味道》等美食专题片才知晓原本可能闻所未闻的城市；美食入行门槛较低，是城市就业的稳定因素，如今沙县小吃已是年营业额500亿元、带动就业30多万人的庞然产业；美食还是城市的时尚元素，我确信美食工作者的“美人之美”会在城市间流行，引领区域乃至全国饮食业的提升。

有时候，美食还会让人误会。比如，上海有一样美食叫油墩子，苏州吴江有小吃叫油墩。虽一字之缺，却是两样不同的食品，油墩用糯米粉和粳米粉包肉馅或豆沙，成品似寺庙里的蒲墩，因在油里煎熟故名；而油墩子则是乡下称作萝卜丝饼的东西，用白萝卜丝和面粉糊在模具中油氽定型。再比如，吴江有一种油氽食品，大小如汤锣而称汤锣饼，此物在苏州城里则在上面再打一个鸡蛋，称面衣饼，脆脆的十分可口。还有苏州螺蛳到了无锡称蛳螺，等等。

有冲突的故事情节更吸引人。同理，区域间美食的差异性，经过适当的文化渲染能更好地激发目标人群的品尝欲望，如果将各地的美食串联起来或者将一种或一城的美食放到一个完全陌生的城市，又会发生什么样的故事呢？为此，《新民晚报》社区版设立了长三角融美食工作室，以探求美食故事吸引人的真相。

融有和谐之意。和谐不是和稀泥，也不是强者霸凌弱者后的平静，和谐是相互尊重、相互包容后的你中有我我中有你。“融美食”的真正内涵是求同存异、和谐共享。求健康饮食、合理膳食、礼存饮食之大同，存厨艺、食材、菜肴口味以及食俗之小异；共享烹饪技能及厨政最新信息，将目的地城市的美食文化、食材和菜肴推介到目标客源市场，促进27个中心区城市乃至长三角全区域城市的亲密交流与无间合作。

人民对美好生活的向往，体现在饮食上同样面临不平衡和不充分发展的矛盾，是时候让我们放下画地为牢的菜系门户之见了：“行路难！行路难！多歧路，今安在？长风破浪会有时，直挂云帆济沧海。”

苏州张师门

辛丑季夏，苏州会议中心总厨赵东明收徒，不经意间我看到两位徒弟的厨师服及围裙上均有“李师门”标记，赵总的师父李俊生是苏州烹饪协会认证的第三代苏帮菜传人之一，与田建华、刘锡安、朱龙祥、董嘉荣、潘小敏、张建中、张子平、汪成、蒋晓初、强云飞、李俊生、鲁钦甫等同为苏帮菜宗师。

通俗讲“师门”就是老师的门下，如我在成为华永根的大弟子后向四位徒弟补授了正面为“吴郡华门”、背面为蒋氏图腾的四六牌，说明内中的传承关系。亮相“师门”即开山立派，名声之下更多的是师门对苏帮菜传承的责任，这是苏帮菜烹饪技艺传承走出象牙塔的绝好开端。

我参加过田建华、董嘉荣、张子平、鲁钦甫、李俊生等大师的收徒仪式，苏州市烹饪协会非常重视苏帮厨艺的有序传承，凡宗师谱系收徒，协会领导除了到场祝贺，还颁发认证文书，以明确谁是谁的徒弟，谁又是谁的师父。这次，我师父华永根在致辞时肯定了李师门亮相的勇气、鼓励师门间多交流，并透露当月 28 日还有一场张子平张师门的“蟹宴汇报展”。次日，我在微信上收到了相城区阳澄湖渔家乐协会会长、阳澄湖鱼米之乡拾捌灶老板钱东的请柬，他是张子平大师半年前新收的弟子，也是相城区非物质文化遗产项目“苏州阳澄湖大闸蟹蟹宴烹饪技艺”的传承者之一。

我曾与张子平大师合作研发四季“震泽家宴”，故对张师信任有加。

张子平是中国烹饪协会注册资深中国烹饪大师，中华金厨奖得主。他1971年进苏州饭店师从张美康为西餐厨师，其谦逊好学、踏实工作的作风得到了吴涌根等多位苏帮菜泰斗的悉心指点，那时入境旅游虽方兴未艾，但张子平在西餐岗位绝大多数时候还是英雄无用武之地，1980年调至中餐岗位算是人尽其才；1986年，张子平被外借到中国银行伦敦分行工作。三年中无助手的高强度劳作，磨炼了他的意志，更拓宽了他“古为今用、洋为中用”的治馔之道；2000年，吴涌根大师发起的苏帮菜创新专业委员会，张子平积极参与并于当年收陈昆明为徒，次年张师在国企转制大潮中提前退休，与蒋晓初大师一起在大园食府服务，其间作为苏州烹饪大师工作室骨干为军地两用人才授课；之后与徒弟在万怡大酒店银廷阁会所专制精品苏帮菜，言传身教下弟子杨文庆成为首届苏州市烹饪状元大赛的状元得主，姑苏高技能突出人才；退休后的张师积极投身苏帮菜推广的公益活动中，成为苏州烹饪大师工作室的活跃分子。

是日赴约，会场内的T形展台上已经满满当当地陈列着各式各样的蟹肴，看对应的菜名卡，得知张子平大师制作了黑鱼子醉蟹番茄浓汤、黑松露蟹肉泡芙色拉，同为苏州阳澄湖大闸蟹蟹宴烹饪技艺传承者的张师门大弟子陈昆明以一道金箔鲜奶蟹粉献艺，张师唯一女弟子苏州旅游与财经高等职业技术学校西餐老师陆静制作了精美的蜜蟹梅花汤饼，梅花汤饼是从宋代典籍中挖掘出来的美食，以隋贡蜜蟹作馅更是彰显了苏州厚重的吃蟹历史；钱东制作蟹螯炖盐水、玛瑙白肉拌面、糟醉千刀肉，盐水即咸菜卤，是江南人挥之不去的舌尖记忆。魏财、朱建龙、李岗、王旭东、王伟、夏鹏、孙家政、张小朋、朱先勇、马星星、张得才、汤波等张师门第三、四代制作了金瓜蟹粉水鲜盅、蟹汁青菜瘪珠团、蟹肉东坡肉、蟹鲜方糕、生焗鲜鲍六月黄、鱼子酱蟹肉色拉、花雕咸爪六月黄、荷香虾蟹蒸馄饨、姜蓉六月黄、六月黄糟肉狮子头、六月黄一品蒸、蟹粉莲子、象形绿豆蟹糕、蟹粉三白、酥鳝六月黄、牛油果蟹肉色拉、醉蟹、大闸蟹西班牙火腿饭配春饼、鱼子酱蟹粉海胆、太湖明珠六月黄、松露蟹肉石榴球、六月黄焗田螺、蟹油汁三白、鲜中鲜（位）、蟹肉南瓜舒芙蕾酸奶饼、蟹粉荷花酥、流纹蟹肉包、啫啫六月黄、浓汤小米煨六月黄等蟹肴。

我觉得，“蟹宴汇报展”是借着鱼米之乡十八灶“六月黄”美食节的名，行张师门厨艺开放日之实。苏州旅游与财经高等职业技术学校以及李师门第二、三代也分别献上澄湖鲜蔬（花式冷拼）、田园刺猬酥、湖光水韵、芙蓉蟹斗酥鳝、虫草鱼蟹八卦盅、阳澄蟹中鲜、南瓜焗河蟹等美馔以表支持。午饭时，聊起汇报展之不易，张师说第一次感觉“压力山大”，虽策划自去年底就开始了，但临近实战还是紧张，好几晚睡不着。

理解，一心想把事情做完美的人都这样。

十二道运河风味

辛丑年初夏，负责全区文保工作的同事小邱询问能否配合吴江运河八景，设计十二道运河风味？答案是肯定的。

吴江运河八景为三里飞桥、垂虹秋色、九里石塘、四河汇集、禊湖秋月、丝绸水路、慈云夕照和林海寻梦，前三景在松陵街道，后五景分别在平望、黎里、盛泽、震泽和桃源五镇。其中，四河汇集又是苏州“运河十景”之一。

中国大运河流经华中、华北、华东三大区域，串联了北京、天津两个直辖市以及河北、河南、山东、安徽、江苏、浙江六省。无论是隋唐大运河、京杭大运河还是浙东运河，每一段所涉及的区域，其美食风味必定是各不相同的。风味受该区域物产、居民口味及饮食审美习惯等因素的影响，传统的吴江饮食不尚辛辣，喜淡水鱼腥虾蟹，家常菜以清蒸或红烧居多，饮食审美注重味道和温度，随着城镇化进程以及长三角一体化融合的加快，传统正在逐渐被稀释。但总体而言，吴江运河沿线的居民还是较完整地保留了基因中的味觉记忆。

苏州美食以“不时不食”为特征，若拘泥于菜点的季节特征，则必须往四季菜肴方面思考，而吴江宾馆的江南运河宴就是春、夏、秋、冬各有一套菜品，其凭借“不时不食、传承苏帮菜和本土食鲜”的特色荣获中国名宴称号。运河各镇餐企厨艺参差不齐，无法移植“江南运河宴”，若将吴江的四季美食糅合进十二道运河风味，那么呈现在世人面前的运河人家饮食风貌，必是有违“不时不食”的。思来想去，最后决定做减法，先将红烧羊肉、大闸蟹、香青菜、酱肉酱蹄等具有明显季节特征的吴江食材或菜点排除在外，再从运河沿线居民日常生活及飨客习惯出发，从可简易获得的鱼虾肉禽蛋蔬等本土食材着手，配合使用土酱、菜卤等独具江南特色的调味料，设计出十二道运河风味：

油爆河虾：河虾剪去须脚及额剑，爆炒过的河虾通体红色十分喜庆，再以盐、糖及少许白酱油等调味收汁。

大三元汤：是“四河汇集”地的标志性菜肴。将单一的鸡、鸭等大件炖作底汤，以虾圆、鱼圆和蛋圆指代三元，三元即旧时乡试解元、会试会元、殿试状元，此取心想事成、拔得头筹之意。

红烧河鳗：河鳗为洄游鱼类，喻交通不阻隔。红烧虽属烹饪手法，但油、糖、绍酒和鳗鱼脂肪产生的酯香及复合味，是江南独特的记忆。

黄豆猪爪：猪爪是怕脂肪爱胶原蛋白者的首选，二物久焖，黄豆酥香、猪爪软糯黏嘴。

清炒鳝丝：煸炒出香味、弹牙爽口的鳝丝才是吴江吃客的心头好。

素味什锦：香菇、木耳、黄花菜、油面筋以及香豆腐干等七八种素料，素油炒制。

糖醋排骨：肋排炸酥，其味“酸而不酷、甘而不哝”是厨祖订下的规矩，始见于《吕氏春秋·本味》。

运河三鲜：以肉皮（民间俗呼龙肠）、猪肚、肉圆以及两三样蔬菜组合而成的烩菜，鲜香是其固有品质。

酱蒸菜干：吴江农户春季采摘之菜薹，焯水晒干，使用前浸水回原。酱香、菜香逼人。

清蒸桂鱼：保留传统江浙清蒸鱼，须先给底味及氽烫工艺，作头尾两头翘如船形，味质色形齐全。

菜卤风物：以隔年雪里蕻咸菜卤作为媒介物和调味品，原料可荤可素。

香煎馄饨：清嘉庆年间编撰的《调鼎集》被誉为清代食谱大观，其点心部言苏州馄饨："用圆面皮。淮饺用方面皮。"馄饨如家常先制熟而煎或以水油生煎，皆为江南风味。

十二道运河风味所用食材为河虾、鲢鱼、鸡蛋、鸭蛋、夹心肉、草鸡或麻鸭、河鳗、猪爪、黄鳝、肋排、桂鱼、肉皮、猪肚、猪后腿肉、黄豆、香菇、木耳、黄花菜、油面筋、蘑菇、茭白或笋片、香豆腐干、芋艿、毛豆结、花生等江南水乡之常见，烹饪技法亦为易学的爆、炖、烧、焖、炒、炸、烩、蒸、煮、煎。

有菜有点，有荤有素，味型丰富的十二道运河风味，是游子的乡愁、吃客的矫味器。

附：十二道运河风味菜谱

说明：主配料、调味料和佐助料之克重以及烹饪时间均为概数，仅供参考。建议严格按步骤及提示操作。

油爆河虾

原料：大河虾 500 克，绍酒 30 克，白糖 20 克，酱油 15 克，盐 10 克，葱段 15 克，姜片 10 克，色拉油 60 克。

步骤：

1. 虾剪去须脚及额剑，冲洗沥水放入碗中，加盐 2.5 克，绍酒 15 克拌匀，倒入漏勺待用。

2. 旺火热锅，加入色拉油，待油温八成热，下姜片、葱段爆香，将虾撒入爆炒，转色后入绍酒加盖焖透，入盐、白糖、酱油和少许汤烧沸，略收汁，出锅即成。

3. 装盘前拣去葱姜。

提示：

1. 应选用大小基本一致的活虾，从头部开剪，剪去须脚及额剑。

2. 油温一定要高，以免虾肉僵老。

3. 须带汁水。

特点：色泽红艳、虾嫩味鲜、甜中带咸、佐酒绝品。

大三元汤

三元即鱼圆、虾圆、蛋圆（蛋液和肉末入模蒸制）。大，指大件如整鸡（或整鸭）炖制的汤。此汤为平望代表性名菜。三元必须提前预制。

原料：杨梅大小的鱼圆、虾圆、蛋圆各 12 个，9 月龄以上的草鸡或麻鸭一只，火膧或火腿 100 克。

1. 鱼圆：以白鱼为上，草鱼其次，花鲢第三，白鲢第四。

① 制茸：取鱼柳，放入冰箱冷藏 1 小时；鱼皮向下放砧板上，用刀背将鱼肉敲剁成茸，再用刀刃将鱼茸刮下，剁刮交替、剔除鱼身中间会影响鱼丸的口感和味道的红色鱼肉，直至不见茸中有细小颗粒为优。

② 漂洗：将鱼茸浸泡在冰水中 30 分钟，用粗布或两层纱布滤去水分。

③ 上劲：将沥去水分的鱼茸放入盆中，按鱼茸分量的 3% 入盐（分二三次）和 40% 葱姜水，一顺搅打至鱼茸黏性十足，粘在手上不易掉落时，加 2% 葱姜香油拌匀，放入冰箱冷藏 30 分钟以上，放香油可改善口感、制作时不粘手以及鱼圆光滑。香油可为葱姜油、麻油，亦可用猪油。

④ 制圆：另取一冷水锅，左手将鱼茸从虎口处挤出球形，右手用汤匙蘸冷水作铲，从左手虎口处铲下，轻轻移至水面上，鱼圆漂浮在水面即已成功一半。

⑤ 制熟：将锅移至灶上点火，待水面有小水泡时换中火，用汤勺轻拂鱼圆，助其翻身，应始终保持水面沸而不腾的状态，见水欲沸时加冷水，反复三次，鱼圆即定型成熟，捞入冷水浸养。

2. 虾圆：虾圆缔子按虾仁 70%，肥膘 30%，切剁成米粒大小，按虾仁和肥膘分量，加 1% 盐，2% 绍酒和蛋黄，一顺搅上劲，做成虾圆。下热水锅小火汆熟。

3. 蛋圆：依模型变化而呈现半球形、圆柱形等，小酒盅作模，模子内里用熟猪油一抹，注入蛋液，再放入上过劲调过味肥瘦合适的生肉粒，再用蛋液淹盖肉馅，上笼蒸熟脱模即成。

4. 鸡汤（或鸭汤）及成菜

① 取排过酸的净草鸡（或净麻鸭）和火膧或火腿，冷水预熟后洗净，再按净鸡分量一比一取水，水必须淹没鸡。慢火笃汤，约 3 个小时。

② 待鸡汤飘香绕屋，再依次放入预熟的蛋圆、鱼圆及虾圆，煮沸，用盐调味上桌。

③ 火膧去骨切片或火腿切片铺放在鸡脯上（鸡肚子朝上）。

提示：

1. 排酸：按鸡或鸭净重，每 500 克冷藏一小时。

2. 冷水预熟：原料淹没在冷水锅中，入葱结、姜块或姜片拍碎（视原料多少而定）、绍酒，大火煮开后续煮五六分钟，取出温水洗净。原汤因含荤性食材中析出的嘌呤，弃用。

3. 炖菜中途不可离火，须倒计时制作上桌。

4. 切记好汤莫入蔬菜。

特色：汤清味鲜，醇香诱人。

红烧河鳗

原料：活鳗鱼 1000 克，生猪油丁 15 克，料酒 100 克，酱油 30 克，猪油 30 克，色拉油 30 克，盐 5 克，白糖 20 克，冰糖 30 克，麻油 10 克，葱 15 克，姜片 10 克，大蒜籽 75 克，高汤 200 克。

步骤：

1. 在鳗鱼头部横割一刀（不能割断）出尽血，放入盛器内，用 65 度左右的热水泡一下，抹去鱼身上的黏液及污物（不能破损鱼皮），剪去背鳍。在胸鳍及腹鳍处各横一刀，深至脊骨，以切断肠脏为度，用竹筷卷净内部，洗净，净河鳗冷藏 2 小时。

2. 旺火热锅，加入色拉油，待油热，投入葱结、姜片、大蒜籽。待葱、姜、蒜转黄出香，将鳗鱼竖立排齐在锅中，加入料酒，加盖略焖后，加入高汤，沸后加入猪油 20 克、酱油、冰糖、盐、生猪油丁，烧到鳗鱼上色时转至文火至熟烂，即转旺火，再加入猪油 10 克，白糖收稠汤汁，去葱姜，淋麻油即可取出装盒。

提示：

1. 泡鳗鱼时，水温切勿过高，否则会将皮勒掉或破皮，影响美观。

2. 单盆烧鳗鱼易焦，防止锅底焦糊可垫竹箅。

3. 装盘时较小鳗段垫下面。

特点：色泽酱红、皮肥肉白、嫩而细腻、甜中带咸，汁稠光亮。

黄豆猪脚

原料：猪前脚两只约 500 克，黄豆 50 克，葱结 10 克、姜片 6 克、绍酒 25 克、生抽 20 克、盐 5 克、啤酒一瓶、八角一粒、桂皮少许、熟猪油 50 克。

步骤：

1. 黄豆充分浸泡，洗净。

2. 将猪爪火燎起泡后刮净毛根及角质，冷水预熟（葱结 5 克、姜片 3 克、绍酒 10 克），温水洗净，剁块（先分为两爿，再每爿剁成三块，共计十二块）。

3. 旺火热锅，将猪脚、八角、桂皮煸炒至金黄，加绍酒15克焖透，加入啤酒、黄豆、生抽、盐、葱结、姜片，大火煮沸后转小火焖约一小时，拣去葱姜、收汁。

提示：

1. 啤酒也可换成肉汤或清水。

2. 亦可至成熟时猪脚与黄豆盛放在器皿中，放凉后冷藏，食前加盖蒸半小时，再换盆。

特点：胶质丰富、黄豆香且软糯。

清炒鳝丝

原料：活鳝鱼丝500克，盐1克，绍酒20克，生抽20克，蒜末5克，姜末1克，葱白2克，姜丝10克（细如牛毛，在清水中泡软），绵白糖10克，白胡椒粉1克，熟猪油75克，鲜汤100克。

步骤：

1. 剥去鳝腹内的内脏，除去残骨，洗净，切成6厘米左右长的段。

2. 鳝丝先过热油制熟，捞起沥去油。

3. 旺火热锅，加猪油，油温七成热时，投入蒜末、姜末、葱花煸香，放入鳝丝，炒透，加入绍酒（加盖）焖透，再加鲜汤、生抽、糖、盐1克，略烧，炒匀收汁装盆，撒胡椒粉，以姜丝结顶即可。

提示：

若不过油，鳝丝须在旺火上炒透，文火上烧透，再转旺火收稠。

特点：色呈酱红、酥糯香鲜。

素味什锦

原料：水发香菇50克，水发木耳50克，水发黄花菜50克，油面筋

50克，香豆腐干50克，蘑菇或其他鲜菇50克，熟笋或茭白50克，食盐约1克，生抽20克，白糖10克，花生油60克，芝麻油6克，湿淀粉10克。

步骤：

1. 香菇水发后批片（香菇水留存），鲜蘑菇批片，熟笋或茭白批成片状，黄花菜一切为二，油面筋破口后压扁浸软，香豆腐干批三角薄片。

2. 旺火热锅，入50克花生油，烧至八成热，倒入原料煸炒至五成熟，放入生抽酱油、白糖拌匀，再将100克香菇水倒入，煮开烧5分钟，勾芡，淋麻油起锅。

提示：

1. 香菇、木耳需分开水发，水中可适当添加盐及面粉，以利去除杂质。

2. 香菇去蒂，取第二阀香菇水滤清备用，黄花菜摘去蒂梗。

特点：色泽光亮、植物异香、苏式味道。

糖醋排骨

原料：肋排500克，老抽30克，白砂糖25克，绍酒25克，盐4克，香醋75克，姜片三片，葱结一个，八角一粒，生抽50克，冰糖、色拉油500克（实耗约25克）。

步骤：

1. 肋排顺肋骨切成条（肋骨外包裹的肉要均匀），然后斩成四厘米长短的段，用刀面拍打一两下，再用流水漂净血污后沥干水分。

2. 肋排放入容器中，放入绍酒25克，老抽10克拌匀，以便过油后，在烹制过程中容易上色。

3. 锅内放入色拉油烧至六成热，倒入肋排炸至淡金黄色，将油倒入漏勺沥油。待油温至七成热，再复炸一次，滤油。

4. 原锅上炉，放入姜片、八角、肋排、葱结，加入绍酒、生抽、老抽、香醋（60 克）、白砂糖、沸水（注至刚淹没排骨），烧沸后转中小火略焖至汤浓，余下一些汤汁，最后加入冰糖，大火煮，收汁上色，再淋香醋即可出锅。

提示：

1. 肋排肉质松软，不宜焯水。

2. 注意火候大小，不令汤面沸腾，中途禁止加水。

特点：甜酸咸香、色泽酱红光亮、肉质鲜美、骨头酥软。

运河三鲜

原料：肉皮 100 克，肚片 70 克，小肉圆（炸至金黄）70 克，时蔬两样 100 克，葱段 10 克，肉汤 100 克，绍酒 6 克，食盐 4 克，白糖少许，湿淀粉 10 克，熟猪油 50 克。（调味料不包括肉皮、肚片及小肉圆预加工）

步骤：

1. 肉皮：油发肉皮温水回软，切长菱形片，与少量面粉拌匀，十五分钟后洗去面粉，沥干。

2. 肚片：煮肚子需加白胡椒粒以去其臊，肚子制熟后应养在汤中防止变色。

3. 小肉圆：选用猪后腿肉，肥瘦分开切绿豆粒大小，再按一定的比例合在一起，口感以肥四瘦六较为合适。按肥瘦肉分量，加 1.5% 盐，2% 绍酒，鸡蛋清及适量葱姜水，用手一顺搅至无水渍，再摔打上劲，从虎口挤出肉圆，在热水锅小火氽熟，再在油中炸金黄。

4. 旺火热锅，用猪油，先爆葱段及蔬菜，入肉皮、肚片、小肉圆，加肉汤、盐、糖、酒略煮，起锅前勾芡。

提示：

1. 蔬菜：可任选两样应季的，如莴笋片、藕片、茭白片、木耳、笋片、胡葱、白菜帮、青菜梗、青椒、去瓤黄瓜等，搭配不使用同色蔬菜。

2. 此菜无骨不宜入带壳青虾炝色，但可用烤去表皮的红椒替代。

特点：色泽素雅、滋味多样。

酱蒸菜干

原料：水发菜花头干 350 克，黄豆酱 10 克，白糖 5 克，盐 2 克，熟菜油 20 克。

步骤：

1. 菜花头干入盆加少量面粉，用温水泡软，洗净，取出挤干水分。

2. 将菜花头干排列在案板上，切碎（约长 1 厘米），堆入盆中，盐、白糖，黄豆酱用熟菜油澥开浇在上面，放入蒸箱蒸 15 分钟左右即可。

提示：

1. 菜花头干以香青菜干为上，金花菜干、菜薹干或马兰头干亦可。

2. 温水浸泡以回软为度，清洗时必须去净杂质，以免影响口感。

3. 黄豆酱可先与少量豆瓣酱、豆豉或调味酱混炒，以增加风味。

4. 冬笋季节以笋末结顶后再蒸，其余季节可少切些腌制橘红丝或腌辣椒丝结顶后蒸。

特点：菜干软糯、清香爽口。

清蒸鳜鱼

原料：鳜鱼 600—750 克，盐 6 克，熟猪油 10 克，葱两根，姜片三片，绍酒 20 克，少量白胡椒粉。

步骤：

1. 鳜鱼去鳞、去腮、去内脏。鳜鱼花翻转洗净，冷水冲洗漂净，在鳜鱼右侧中间下刀，分别沿龙骨批向头、尾部方向（行进各约四五厘米），鳜鱼及鳜鱼花在沸水锅里氽烫后洗去黏液、沥干，鳜鱼里外抹酒

抹盐;

2. 将批开的鱼肉翻开撑放入盆中，加入绍酒、盐、葱姜，旺火蒸十二分钟取出，拣去葱、姜，滗出原汁与胡椒粉混合后浇淋在鱼身上。

提示:

1. 蒸至鱼眼滚出、汤清即可。

2. 亦可在鱼身上放葱丝、红椒丝后响油。

特点: 船形鱼跃，肉质细嫩洁白，鲜香肥美。

菜卤风物

原料: 咸菜卤，原料(三样)。忌放油。

步骤:

1. 在清水中适量加入滤过的腌咸菜卤，调节咸味。

2. 放入食品原料，煮熟(亦可蒸箱蒸熟)。

提示:

1. 建议使用略带酸口的黄腌菜卤，在菜卤味道不够时，可将咸菜(或黄腌菜)同煮，装盘时拣弃。

2. 原料选项: 地蒲、冬瓜、毛豆结、臭豆腐、臭苋菜梗、百叶结、老豆腐、毛豆子、花生、芋艿、萝卜、螺蛳等。

3. 螺蛳等水产类，上桌前撒白胡椒粉增香。

特点: 吴越风味，可荤可素，亦可荤素搭配。

香煎馄饨

原料: 圆皮子大馄饨十二只，熟猪油 40 克，麻油 10 克，蘸料碟。

步骤:

1. 大馄饨制熟，捞出沥干。

2. 平底锅入熟猪油，馄饨排列整齐，煎至金黄色。

提示：

1. 圆皮子自制或用饺子皮替代，馄饨馅为全肉水打馅，猪肉夹心：淡葱姜水 + 鸡蛋清 =10:5，用盐 3%。搅打上劲。

2. 有生煎及熟煎两种，生煎（平底锅底涂菜油，大馄饨排列，煎至底部结壳加水淹馄饨，加盖，此为水油煎，期间不停转动锅子，至无水）。熟煎如上。

3. 蘸料碟以香醋、辣酱、辣酱油、虾籽酱油或糟油为宜。

特点：江南风味、色香齐全。

图书在版编目(CIP)数据

寻找美食家:续集/蒋洪著. —上海:上海书店出版社,2021.8(2022.3重印)
ISBN 978-7-5458-2076-8

Ⅰ.①寻… Ⅱ.①蒋… Ⅲ.①饮食-文化-吴江 Ⅳ.①TS971.202.533

中国版本图书馆CIP数据核字(2021)第146187号

封面题签 陶文瑜
封面绘画 沈嘉荣
封底篆刻 屠 阳
责任编辑 杨柏伟 刁雅琳
装帧设计 杨钟玮

寻找美食家·续集
蒋 洪 著

出 版 上海书店出版社
(201101 上海市闵行区号景路159弄C座)
发 行 上海人民出版社发行中心
印 刷 上海叶大印务发展有限公司
开 本 890×1240 1/32
印 张 8
字 数 180,000
版 次 2021年8月第1版
印 次 2022年3月第2次印刷
ISBN 978-7-5458-2076-8/TS·21
定 价 48.00元